你的自信，
所向披靡

刘纪丹———著

中国水利水电出版社
www.waterpub.com.cn
·北京·

内 容 提 要

现代生活中，事情太琐碎、工作太忙碌、人际交往太复杂……导致很多人心态失衡、心灵脆弱，甚至面临崩溃。但你要的安全感，谁也给不了了，除了你自己。本书作者用平静的笔触抒写了如何重建自己内心的安全世界，并以自己的经验告诉读者：拥有自信的人，才能足够强大，并给予自己安全感。

图书在版编目（CIP）数据

你的自信，所向披靡 / 刘纪丹著. -- 北京：中国水利水电出版社，2020.12
ISBN 978-7-5170-9221-6

Ⅰ. ①你… Ⅱ. ①刘… Ⅲ. ①自信心－通俗读物 Ⅳ. ①B848.4-49

中国版本图书馆CIP数据核字(2020)第241859号

书　　名	你的自信，所向披靡 NI DE ZIXIN, SUOXIANG-PIMI
作　　者	刘纪丹 著
出版发行	中国水利水电出版社 （北京市海淀区玉渊潭南路1号D座　100038） 网址：www.waterpub.com.cn E-mail：sales@waterpub.com.cn 电话：（010）68367658（营销中心）
经　　售	北京科水图书销售中心（零售） 电话：（010）88383994、63202643、68545874 全国各地新华书店和相关出版物销售网点
排　　版	北京水利万物传媒有限公司
印　　刷	天津旭非印刷有限公司
规　　格	146mm×210mm　32开本　7印张　163千字
版　　次	2020年12月第1版　2020年12月第1次印刷
定　　价	46.00元

Contents

目录

第一章 01

在不安的世界里，
构建自己的安全感

CONTENTS

●
●

第二章 02

你要的未来，
别人未必给得了

第三章 03

及时行动，
没有什么来不及

第四章 04

独立，才能给你
安全感

第五章 *05*

最好的爱情，
就是势均力敌

第一章

在不安的世界里，
构建自己的安全感

在不安的世界里，
构建自己的安全感

这周我不幸受伤了，在运动时膝盖受伤，无法行动。在家躺床上一个星期了，见不到拥挤的人，踩不到硬实的地面，晒不到太阳，淋不到雨……人变得越来越迟钝，心情有些低落。刚开始的时候，我还在窃喜什么都不用做，什么都不用想，现在才发现也不过如此。我仿佛被流放到与世隔绝的地方，可以与其对话的只有自己。今天尤其郁闷，举目四望，只有我一个人，心里很压抑，突然很想哭，很想发泄一番。去搜悲剧电影，却发现连一部能让我落泪的都找不到。是我的心太麻木，还是影片质量太低？连哭都这么难！

我想，那些自杀、发疯的事情原来也不是那么不可思议，那么不可能。一个人并不需要遭受巨大打击，当最简单的愿望（本来能够轻松实现，如同呼吸一样自然）都实现不了的时候，便是人心最脆弱的时候，也就没什么不可能，这种心理的崩溃往往是一瞬间的理智尽失。不得不感慨人生的诡异，不一定在什么地方逗你一下，你可能就坚持不了了。而我居然要一个多星期都无法下床，感觉自己太不争气了，就像莫名的千斤重担压在身上，摆脱不了，那种自己什么都掌控不了的感觉，让人倍感无力。

种种的焦虑多是由于内心的不安吧，脚踩大地的踏实感是处于漂浮状态的人所亟需的。有时会觉得自己一个人撑不下去了，想抓个什么东西作为救命稻草，比如谈一场恋爱、积攒足够的钱或求神问佛，还有人在指缝里夹支笔使自己"手足有措"，或者挂些吉祥符使自己免遭厄运……所有的一切，都是为了给自己制造安全感。这种盲目的做法大多是无用的。

《白鲸》的作者赫尔曼·梅尔维尔曾经指出："人性中所有荒谬的傲慢里，没什么能超过来自拥有豪宅、温暖和美食的人对穷人的指责。"我们如此迫切地想要抓住点什么，是因为我们处在外界的动荡和内心的不安中。我们无力抵抗突如其来的意外，无法反抗现实和体制带来的压力，无法随心所欲地做想做的，无法得到自己想得到的，无法排解内心的寂寞和惶恐。我们既不能随时喊停，更不能随时叫开始。于是，生活开始变得扭曲、无序，早已模糊了本来的面目。

//

除了心里的压力外，从离职到现在，社会上也发生了不少事，连我这种两耳不闻窗外事，一心只管找工作的人都多少受到了影响。金融危机和疫情带来的持续影响将每个人都卷入其中。

"覆巢之下，安有完卵"，这句话更是让人内心惶惶，不知前路何在。在工作时一直都感受不到强烈的影响，除了物价的涨涨停停；直到最近读研的同学或者朋友也毕业了，从他们反馈的信息和媒体的报道中，我感受到了一股压力。学校扩招，公司招聘缩减，市场不景气，一切都给正在找工作的人带来了严峻的考验，就业成了一个社会问题和热点话题！社会如何安放我们？

记得之前和老爸探讨过这个问题，当时我还信誓旦旦地说："危机往往伴随着转机，时势造英雄，正是这样一个动荡的时势，从另一方面来讲，恰恰提供了一个大展拳脚的机会，谁能在这当中顺应趋势，谁就能获得更大的成功，风险越大收益越大。在一个平稳的环境下，一切只能按部就班，再大的波浪最后都会归于平静。"

我知道，这些话是为了让老爸放心，让他知道自己有信心，不悲观。可是，如果之后市场依然没有活跃起来，工作依然没有起色，自己到底该何去何从呢？找工作，自己凭的是什么呢？重点大学背景？两年工作经验？我并不乐观，尤其在家乡这样一个三线小城市，更是少不了其他因素的影响，我不得不担忧。

心理学家埃里希·弗罗姆说："一个人能够，并且应该让自己做到的，不是感到安全，而是能够接纳不安全的现实。"安全感一方面源于内心的感受，一方面源于所处环境的动荡程度和保障程度。我们每个人对于所处环境的影响都是有限的，因此，要保持安全感，更多的是从内心的修炼开始。"海纳百川，有容乃大"，即使大海被投入石子，荡起涟漪之后，依然归于平静。

现实让我们偶尔气馁，现实也让我们成长。古代怀疑论的最后一个代表塞克斯都·恩披里柯说："死亡不应该被认为是一件可怕的自然事件，就像不能把生存看作是一件自然的好事一样。"永远不要轻视眼前的平凡，永远不要忽略现有的活力与能力。面对不如意的环境时，我只想做我能做的，让自己成长得快一点儿，变得强大一点儿。当我心无旁骛，专心修炼时，我发现自己的内心是充实的，是平静的，也是安稳的。珍惜所有，活在当下。当你不再为那些无法预见的未来而惶恐，不再为那些无法改变的现实而放纵，不再为那些无法确认的情绪而焦虑，你便真正获得了内心的宁静。

幸福没有规律可循，除了可能的一种：无条件地接受生活以及生活带来的一切。

　　记得曾经有一位朋友对我说:"人生就像一个牙缸,你可以把它当成一个杯具(悲剧),也可以把它当成一个洗具(喜剧),但如果你执意用来吃饭,变成餐具(惨剧)也不是不可能的。"

　　我们要做的是,看到阳光,向前奔跑,将阴影留在身后;听到歌声,开始飞翔,把卑微埋进尘土;闭上眼睛,即使阴影存在,依然看到光明;用心生活,即便没有翅膀,依然看到自由!

不要因为遥远
就放弃了对未来的憧憬

憧憬是离梦想最近的感情，怎么能因为路程遥远就放弃了对未来的憧憬？

朋友圈里有人晒"马卡龙"，有回复说："马卡龙没什么了不起，不过是比寻常的西点略贵些罢了，但却甜腻得实在令人讨厌。"

我不禁想起了一个人，他是我的第一个相亲对象——李明。李明是个公务员，副科级，在社会保障部门工作，比我大一岁，五官普通，戴副眼镜才显得有点儿斯文。他说自己没有不良嗜好，只是偶尔喝点酒，爱好钓鱼。在我接触过的人当中，他的条件不算是最好的，却是最适合结婚的。我们一个月内见了四次面，这说明我们至少不讨厌对方。直到有一天，我们的话题涉及了"马卡龙"。

我兴致勃勃地讲着总编到法国游玩的事，还给李明看了总编微信里的照片。照片里，她坐在一盘颜色丰富、做工精致的

//

西点前，手指轻抚咖啡勺，笑靥如花。

"这是玩具吗？看着好眼熟。"李明很好奇。

"这是'马卡龙'，法式甜点。"

"名字像某种动物……"他微笑着说，"我不喜欢吃甜食。"

"这种点心可不便宜呢，6个就要200多元，还有……更贵一些的。"我没心没肺地说。

"人生在世，不能只追求口腹之欲吧！"李明语气中明显有些不屑，"这些人真无聊，点完菜先拍照，总要晒这晒那，无非是虚荣心作祟罢了！"

"虚荣心就像谎言，没有谁一辈子没撒过谎，所以没有谁不虚荣。有时候拿出来说说，就当是满足人生恶趣味吧，晒晒更健康。"

李明对我的观点不以为然："为什么一定要追求虚无缥缈的东西？不吃'马卡龙'就不算过日子了吗？"

"我们先去尝尝它是什么味道好吗？"

"对不起，我对它不感兴趣，我不崇洋媚外。"他"上纲上线"地拒绝了我。

"马卡龙"虽然只是一种食物，却因为很难做，成为欧洲甜品"一姐"，无论是对食材的挑剔，对色彩的敏感，还是对操作细节的苛刻，都表达了一种极致追求。

吃上一块"马卡龙",确实不能解决我们没房、没钱、没爱情的苦恼,也不会让我们立刻变得高大上。可是,生活是需要梦想的,"马卡龙"就代表了那个美梦,虽然遥不可及,但因为难以抵达就不做梦,那样的人是可悲又可怜的。

生活态度不同,人生就不一样。我见过太多胸无大志的人,因为畏惧前途的渺茫,于是选择了更为容易的活法,终日做着毫无创造性的工作,忍受着倍感无趣的生活。他们不敢去尝试,不敢做一个稍稍奢侈的梦,他们总觉得那个梦不会属于自己,于是将它清除了。

李明瞧不起追求"马卡龙"的人生,他也从来不想去拥有那样的人生。

我不禁想到小时候,我强烈地想要一双红色小皮靴,因为同班女孩穿着小靴子,美丽得像童话里的公主一样。她脚步轻盈,每天都从我面前走过,让我很羡慕。

我把这个愿望告诉了母亲,她坚决反对,因为她认为穿皮鞋对小孩的脚不好。我号啕大哭,还赌气不吃饭。我不理解母亲的想法,只是觉得委屈。后来,父亲和我达成了一项协议:如果我能在期末考试中语文、数学都考到100分,我就可以得到红皮靴。

我到底还是穿上了小红靴。那一天,我得意扬扬地走着回家，甚至拒绝坐爸爸的自行车——我想让所有人都看到我穿着红靴子的脚，让所有的人都羡慕我。

后来，我还陆续得到了卡通电子手表、布娃娃和新书包，我不觉得物质激励一无是处，我相信很多人都是这样长大的。

但李明不同，他说他知道自己吃几碗饭。在买不起车时，他不去逛车市；买不起房时，他连房地产广告都觉得讨厌。每次约会，我们经过珠宝专柜时，他都匆匆而过，我总想要逛一逛，他却丝毫不顾及我的感受。现在我明白了，不是因为他买不起，而是那一切对他来说都是不想尝试的。

从那以后，我和李明就不再见面了，因为我们都无法接受对方的生活理念。

分手并没有让我感到遗憾，他的理想是找一个平凡女子，过平凡的日子——两人努力供养一处蜗居，生一个孩子，买辆经济适用的小车，逛逛超市，去公园散散步，生活就很完美了；而我想要一套有书房的屋子，最好能透过天窗看到夕阳和月亮。而这在他看来，浪漫得像是个笑话。

在追求优质生活的人群里，不排除有纯粹的拜金主义者，但是，没有浪漫追求的人也会平庸得令人窒息。

怎么能因为遥远就放弃了对未来的憧憬？要知道不思进取就是对生命的辜负啊。

与其崇拜别人，不如做好自己

如果生命中有那么辉煌的一笔，那一定是你在关键的节点，舍出了自己。

年轻时，我们喜欢读励志故事，我每次都被故事的主人公感动得热泪盈眶，但扪心自问，如果换成自己，会如何？是的，我们只看到了励志的光鲜，而忽视了励志的不堪。父母双全，家里存着隔夜剩饭，这怎么好意思叫励志？经常有写手在朋友圈里调侃，励志故事写多了，亲戚朋友都不够写了。

我们习惯于欣赏别人的故事，却不希望自己成为励志标本。因为每个人都清楚，成功所需要的勇气和毅力，需要承受的折磨，都是没有经历过的人无法想象的。

从本能上来说，人都是趋利避害的，没有谁喜欢自找拧巴，跟自己过不去。

我们虽然不是故事的主人公，但故事可以让我们知道，我们也是积极上进的人。瞧！把故事铭记在心，一定时刻在为自己敲响警钟。

我也经常对别人讲起身边人的故事，当对方需要鼓励的时候，那些干巴巴的说辞显得苍白无力，一定要加上一个从悲惨中逆袭成功的故事才足具说服力。

身边人的励志故事我都会讲，有时候，我还会根据对象的不同，对故事进行适当的夸张、改编和删减，以便于对方更明确我要表达的意思。

在一位姑娘为选择考研还是工作的事而犯愁时，我想起了一个励志故事。踏入职场的最初几年，女性几乎是不占优势的，考研似乎也只是一种对残酷就业竞争的回避方式，解决不了根本问题。希望我的故事能够给她一些鼓舞。

他——故事的主人公，一个出身卑微的黑人，在美国佳士得拍卖行做仓库保管员，掌管着这座价值连城的艺术宝库的钥匙。他做得很好，但他觉得自己更胜任和人打交道的工作。有一次，公司招聘一位门童，他就去应聘了，成功做了门童。每天穿着制服，为客人开门。听上去微不足道，但他却觉得获得了施展才华的平台。

为了把门童的工作做到极致，他开始留意进出大门的客人，怎么才能提供宾至如归的服务呢？他想到了一个法子，于是留心搜集报纸上的名流的资料和照片，贴在家里每天都看，直到彻底了解这个人为止。遇到不熟悉的名人，他就会请教同事。没过多久，每次面带微笑拉开大门时，他就能马上叫出对方的姓名并问候。

很快就为公司赢得了很好的口碑。有一天，佳士得公司要去伦敦举办一场大型活动，需要一位高级接待——必须认识所的艺术家、贵宾和名人，于是，这位门童成了不二人选。可他却拒绝了，因为他的妻子刚刚生下孩子。第二天，公司给了他一个惊喜——他可以和妻子一同前往伦敦。于是，这位出身不好、没有学历的门童坐上飞机头等舱，得到了加长林肯接机和住宿星级酒店的待遇，当他在金碧辉煌的宴会厅盛装出席时，他收获了应有的荣耀。

门童的故事让我相信，付出总有回报，如果还没有得到，只能说明自己的努力和忍耐还不够。

这个姑娘饶有兴致地听着，而后突然问道："您自己的故事呢？是不是也挺传奇的？"

我愣了，而后哂笑，答不出来。是的，我在很多场合讲过不少励志故事，却从来不讲自己的事，好像大脑记忆皮层过滤掉了自己一样。

　　我命如草芥，运若琴弦，从小城一路向南，背井离乡，几经波折才有片瓦遮身，这其中的辛酸不仅不足为外人道，也怕说的时候掀起了回忆令自己悲伤。但这少不更事的姑娘偏偏提了起来，于是那晚我一个人在那家小小的咖啡屋坐了很久，拿铁都凉了，墙上的余晖变成了灯影，我还沉浸在对过往的唏嘘里。

　　年轻时候的我，带着盛气，不知轻重地四处乱撞，头破血流尚不知深浅，一次次折戟沉沙后，一次次千回百转后，才把一颗心磨砺得粗中有细。我现在甚至都记不起自己是怎么熬过来的了。是的，过往还历历在目，痛苦的煎熬都被忘却了。

　　有人说，人的大脑是记不住情绪的，所以，如果有什么悲伤的事情过不去，只需要睡一觉，便会好很多。

　　我们看到的永远只是别人的风光无限，却不知道他们也有头破血流的付出。我们总想在别人的故事里得到激励，其实我们更应该回头看看自己，曾经有过多么不懈的努力，今天才有资格在云淡风轻中回忆。

　　是你的偏执，极端，不妥协；是你一次次从失败的阴霾中爬起；是你为了梦想从不将就，保持着一个叛逆者的坚持。如果生命中有那么辉煌的一笔，那一定是你在那个关键的节点，舍出了自己。所以，要感谢自己的成全，才能成就今天。与其崇拜别人，不如做好自己，那才是立竿见影的励志。

不要因为害怕寂寞，
而选择合群

个体心理学创始人《自卑与超越》的作者阿德勒有一个观点：人类的所有烦恼，都来自人际关系。

回想我们从小到大的生活，是不是只要一提起"烦恼"这个词，就有许多让你不能平静的画面和心寒的感觉涌上心头？

小时候，看着别人成群结队地玩闹，而自己只能坐在窗边默默地做试卷；大学里，一到晚上别人就会相约出去撸串，或者去酒吧热闹热闹，那些脸上洋溢的微笑诠释着什么叫青春，而自己好像总是形单影只；工作后，每天忙着加班，别人有着丰富的生活，而自己只能一个人待在家里做着手里未完成的工作。

当我们的人际关系不那么尽如人意时，我们陷入迷茫，甚至怀疑自己的人生是不是走上了岔道。看着其他人活得热热闹闹，而我们只能专注于自己的工作、生活，只能活在自己的小世界里，感觉自己似乎被这个世界遗忘了。

很多人认为朋友多了路好走，只有和他人的交往越来越密切，认识的人越来越多，我们才能够获得成功。不可否认，擅长社交是一个人终身受用的重要技能。但是，如果自己不够优秀，没有一定的价值，你认识的人再多，加入的社群再多，天天陪人推杯换盏，也换不来你想要的一切。你的价值越大，帮你的才会越多。与其把时间花在认识更多的人上面，不如把时间花在提高自己的个人价值上。绝不能因为过于注重人际关系的拓展而忽略了其他的成功因素，比如自身的能力、做事的态度、内心的执着、与他人的合作以及自身的修养等。

有的时候我们以为自己合群，耗费大量的时间追求与他人之间的关系，表面上有许多朋友，而实际上这些不切实际的交往并没有给我们带来多少帮助，只是在浪费我们有限的时间。

茹茹从大一开始写作，在那段时间，她每天除了上课便是在宿舍写稿子，而同班同学要么在宿舍里聊聊班内的八卦，要么一起出去逛街、打游戏。四年后大学毕业，茹茹已经出版了好几本书，在学生时代便攒下了一笔数目不小的稿费，而且毕业当年就以新锐作家的身份接受了几家媒体的专访。

大学刚毕业的时候，大家都在找工作，而这时茹茹已经接到了国内某一档节目的邀请，而且待遇不菲。

大学时茹茹的人际关系很简单，与谁都能说得上话，却没有像其他人那样与谁都打得一片火热。她只是在该努力的时候清醒地知道自己该在这个时间段做什么事，没有将时间浪费在一些毫无意义的事情上而已。

有一位心理学家说得好，他说人都是怕寂寞的，于是很多人都选择了合群。例如一间四个人的宿舍，假如三个人决定赌博，而另一个人说要学习，那么他就是不合群的；假如三个人决定逃课去喝酒，而另一个人不去，也是不合群的。当"合群"代表的是这些情况时，那么合群也就意味着我们其实正变得平庸，变得离优秀越来越远。

不理智的情况有很多种，冲动、矛盾、过激、盲目、自以为是，甚至分不清现实与虚无，无法清晰地明白自己的立场。随波逐流，有时也是一种不理智的行为。

如果一群人的狂欢是以自己的未来做代价，那么这种狂欢不要也罢。倘若我们所认定的合群是共同努力、携手奋进，就像合伙人一样努力为某一个目标而打拼，那才是一种值得追捧的合群。

在现实生活中我们常常遇到这样的状况：一些品德高尚、做事一丝不苟的大人物，他们在选择自己的合作对象时，往往都是独具慧眼的。就像是一些大企业任用贤能一样，哪怕某个人和总裁关系再好，可最后能出任首席执行官的人仍然不会是他，而是那些有手段、有魄力的人。

我们经常陷入一个误区，以为人际关系好便能搞定一切，我们其实忽略了另一件事——实力才是这世上最有话语权的东西。

人们在寻求合作关系的时候，最先考虑的往往是最有力的合作对象，要么合作对象是最强的，要么是最能给自己带来利益的。其余所谓的人际关系不过是一些无关紧要的因素。人际关系有时会影响我们的成功，却绝不是决定性因素，决定性因素是我们的努力及实力。

当我们通过自己的能力获得自己想要的一切之后，才会发现我们当初挖空心思去讨好别人，追求热闹与合群只是在浪费时间。能让我们随意选择自己想要的生活，而不是被生活所选择的人，恰恰是我们自己。

现实世界是残酷的，你要明白我们的朋友圈中的"好友"，许多时候其实都是基于"价值交换"而被连接到一起的。既然如此，那么你能得到多少，其实取决于你自己能给别人带去多少价值。

理智一些吧，当我们有一天被别人仰望的时候，我们会发现当初忍受的那些寂寞和失落是多么正确的选择。而那些和我们一同吃过烧烤的友人，他们如今也奔赴各个岗位，在各自的工作岗位上埋头追赶。

那时我们便可以告诉自己，过去大家曾是同一个层次的人，而未来却因理智变得不同。

爱自己，
健康是最大的本钱

在33岁那年，约翰·洛克菲勒赚到了人生中的第一个100万美元。43岁时，他建立了一个全世界规模最大的垄断企业——斯丹达石油公司。那么53岁时，他有了哪些成就呢？不幸的是，53岁的他就被忧虑俘虏了。整日的忧心忡忡与巨大的精神压力早已使他的健康出现了危机。为他写传记的作者温格勒说，在他53岁时，简直就像个表情麻木、手脚僵硬的"木乃伊"。

53岁时，洛克菲勒的这种病使他的头发不断脱落，即使眼睫毛也无法留下，最后只剩下寥落的几根眉毛。温格勒说："他的健康状况糟糕极了，有段时间他只能依靠人奶维持生命。"医生们诊断他患了一种神经性脱发症，他后来不得不戴顶帽子。不久，他定做了一套价值500美元的假发，终生都没有脱下来过。

洛克菲勒曾经身体健壮，他在农场长大，肩膀宽阔，走起路来健步如飞。

可是，在多数人岁月的巅峰阶段，即53岁时，他却已肩膀佝偻，步履蹒跚。另一位传记作家说："当他看见镜子里的人时，看到的是一位衰弱的老人。永不停歇地工作、不断地操心忧愁，体力严重透支，失眠，缺乏休息及运动，终于使他得到惨痛的教训。作为世界顶级的富翁，他却只能靠贫民都难以下咽的简单食物为生。尽管他每周收入高达几万美元，可他每周能吃下的食物价格连两美元都用不了。医生只允许他喝酸奶、吃几块苏打饼干。他面黄肌瘦，骨瘦如柴，毫无健康之色。花钱只能使他买到最好的医疗设备或条件，到最好的医院就医，这样勉强维持生命，不至于53岁就去世。"

为什么会这样？完全是因为忧虑过度、时常惊恐、压力太重及精神紧张。其实，是他把自己逼到了绝路的边缘。他永不停歇，一心一意地追求利润最大化。据他的员工表示，即使他赚了大钱，也不过是把帽子扔到地板上，手舞足蹈一阵；可是如果赔了大钱，他就会大病一场。有一次，一批价值4万美元的谷物需要取道大湖区水路运送，需要150美元保险费，他认为费用太高了！因此没有为货物投保。可是当晚伊利湖天气预报显示有风暴。洛克菲勒担忧货物受损，次日一早，他的合伙人一跨进办公室，就发现洛克菲勒正在那儿踱来踱去。

洛克菲勒叫道："快点！看看我们现在投保是否来得及。"合伙人听后，直奔城里去联系保险公司，可返回办公室时，他发现洛克菲勒更闷闷不乐了。因为正好收到电报，货物平安抵达，并未受损！洛克菲勒得知后更生气了，因为他们刚浪费了150美元投保。后来，他因此折腾病了，只得回家卧床休息。他的生意每年营业额为50万美元，难以想象，他却能为了150美元而病倒在床上。

他无暇消遣或休闲，除了赚钱他没有任何嗜好，他腾不出时间做其他任何事。他的合作伙伴贾德纳与另外三个朋友合资买了一艘游艇，才用了2000美元，洛克菲勒不但极力反对，而且拒绝乘游艇出游。贾德纳看到洛克菲勒周末下午不休息，还在公司工作，就邀请他说："来吧！我们一起出海航行会对你大有好处。忘掉烦人的生意吧！找点儿乐趣嘛！"洛克菲勒却警告说："乔治·贾德纳，你过得太奢侈了，你在银行的信用因此受到损害，连我的信誉也受了牵连，你这样不顾后果，我们的生意怎能兴旺呢？我绝不会乘坐你的游艇，甚至连看都懒得看。"结果，周末他仍然在办公室待了整个下午。

缺乏幽默感，只顾眼前利益，是洛克菲勒工作状态的真实写照。几年后，他说："在上床前，我永远提醒自己，我的成就可能转眼变成幻影。"

即使轻松坐拥百万资产，他却在随时可能失去财富的忧虑状态下生活。忧虑一直伴随着他，并且损害了他的健康，这样说一点儿都不过分。他从不利用空闲时间享受任何娱乐，从来没有去戏院看过戏；从来不玩牌；也从不热心参加任何宴会。马克·汉纳说过："这人真是一个守财奴。"

在俄亥俄州克里夫兰市时，洛克菲勒曾有一次向邻居发出慨叹说，他"真希望能被人爱"，可是他那么薄情寡义又多疑善妒，所以没有多少人会真心喜欢他。另一位财团巨头摩根也拒绝与洛克菲勒在生意上有所往来，因为"我不喜欢这人，也不想跟他扯上任何关系"。洛克菲勒的亲弟弟对他怨恨至极，甚至把自己孩子的遗骨转移出家族墓地。他的弟弟说："我可不愿意让我的后代埋葬在受约翰控制的土地里。"洛克菲勒的下属与合作伙伴都对他又敬又怕。更可笑的是，洛克菲勒也同样害怕他们，他担心他们向外界泄露公司的秘密。他对人从来不存半点儿信任之心。有一次他与一位石油提炼专家秘密签了10年的合约，要求那位专家承诺不泄露这件事，甚至不让他的妻子知道。他常说的口头禅就是："闭嘴，好好干活！"

在宾夕法尼亚州油田上，约翰·洛克菲勒是最令人厌恶的人。曾被他无情击败的商业对手，无不想将他碎尸万段。针对他个人的威胁信如雪花般飞入办公室。他只得雇用保镖防止被人暗杀。他很鄙视这些仇恨的人和事，有一次还解嘲说："攻击我、诅咒我！你们还是没办法对付我！"但他毕竟是个普通人，无法忍受别人不断的憎恨，也无法继续承受忧虑的重压。他的身体机能逐渐衰退，对这些发自身体本身的疾患，他感到极为茫然而不知所措。开始时，他私下秘密处理偶尔的小毛病，希望把病魔尽早解决掉。可是，失眠、消化困难及脱发，这些表面上的症状已无法掩饰。最后，医生告诉他一个不幸的消息，他可以选择财富与忧愁，也可以选择寿命的长短。医生警告他：再不退休，只有绝路一条。于是他退休了，可惜退休前，他的身体已被忧虑、贪婪与恐惧摧损。当美国最著名的传记女作家艾达·塔贝尔采访他时，真是吃惊不已，她写道："他的脸饱经风霜岁月蚕食，真是我所见过的最衰老的人。"衰老？怎么会呢？洛克菲勒比麦克阿瑟将军在菲律宾作战时，还要年轻几岁呢！可他的健康状况差极了，艾达真是怜悯他。当时艾达正着手写一部著作以讨伐斯丹达石油公司。她没有理由同情这位一手创建起这个超级石油企业的首脑，然而当她看见洛克菲勒传授主日布道时那种迫切寻求他人支持的无助感时，她说："我心中涌起一种没有料到的感觉，而且感觉强烈，那就是我忽然为他难过，我明白孤寂的惶恐。"

　　洛克菲勒谨遵医嘱。他退休了，学着打高尔夫球，做些手工园艺，与邻居聊天闲谈、玩牌，甚至唱歌。

　　他还做了其他的事，温格勒说："在夜晚失眠的时候，洛克菲勒有足够的时间反思自己。"他开始为别人着想。有生以来，他终于不再想着如何赚钱，转而开始思考如何用钱为大家换来幸福。总之，洛克菲勒开始散播他的巨额财富。有时，这并不是一件容易的事。他为教会捐钱时，引起全国神职人员的抗议，并且称那些钱为"赃款"，不过他还是继续开办慈善活动。他听说密歇根湖畔的一个学院因抵押贷款支付困难，面临停办的厄运。他投入了几百万美元，帮忙把这所学院建成了世界闻名的芝加哥大学。他也帮助黑人，为他们的大学捐资。他甚至为扑灭钩虫提供支援。当钩虫权威史专家泰尔声称治疗一个病人需50美分时，希望有人能捐出巨额资金，帮助捕杀在美国南部肆虐的钩虫时，洛克菲勒带头捐出百万美元，拯救南部受害的群众。

　　温格勒写道："谈到这一段，我充满感激之情，因为洛克菲勒基金会曾经有恩于我。我记得很清楚，那是1932年北京流行霍乱时，我正在中国旅行，大量农民因病死去。幸运的是，我们能向洛克菲勒医学中心申请疫苗注射，使自己幸免于难。中国人也跟外国人一样，享有同样获取求助的权利与资格。那是我第一次真正感受到洛克菲勒的财富能为全世界造福。"

　　洛克菲勒基金会的设立是史无前例的，前所未有的。洛克菲勒明白，世界各地的有识之士都在为许多有意义的活动做贡献。许多研究项目随时都在进行中，有人成立大学，有许多医生正致力于与各种病魔做斗争，可因经费缺乏而壮志难酬的情况太常见了。于是，他决心帮助这些有识之士，向他们提供经费，而不是收购项目。今天，盘尼西林及其他数十种药物都是用洛克菲勒基金经费而完成的发明。我们应该为此真诚地感谢洛克菲勒。从前因患脑膜炎的儿童的死亡率曾高达4/5，现在我们的子女不再受到脑膜炎的威胁，这也是洛克菲勒的功劳。

　　由于洛克菲勒的资助，我们才能对肆虐全球的疾病，如肺结核、疟疾、流行性感冒与白喉进行有力对抗。

　　后来洛克菲勒怎样呢？当他行善事、散尽无数财富之后，心灵是否回归平和宁静了呢？答案是肯定的，他终于感到真正的幸福与满足。有人说："如果大家对洛克菲勒的印象还停留在斯丹达石油公司的时代，那你就错了。"

　　洛克菲勒心胸开阔了，生活幸福了，他彻底转变成无忧无虑的人了。而且，当他遭受事业失败的挫折时，也不会因此牺牲一晚的安眠。这个重击是他一手创立的斯丹达石油公司被勒令罚款，这是有史以来最大的一笔罚款。美国政府裁定斯丹达石油公司的垄断违反了美国《反托拉斯法》。这场诉讼纠缠了5

年，全美最杰出的律师界英才都加入了这场有史以来最持久的法庭争辩，但最终还是斯丹达石油公司败诉了。

法官宣布这一判决时，所有律师都担心洛克菲勒难以承受，显然他们并不了解他的变化。

那天晚上，一位律师打电话通知洛克菲勒这个判决结果。他尽可能语气镇定地叙述这个败诉判决，接着他讲出心中的顾虑："洛克菲勒先生，希望你不要因为这个判决难过，祝您今晚睡个好觉。"

洛克菲勒立即答道："约翰逊先生，别担心，我会好好睡觉的。你放心吧，晚安！"

这位曾为150美元而失眠的人居然说出这样的话！洛克菲勒用了半生的时间才学会如何放下。53岁时，他差点儿因此丧命，最后却活到98岁高寿。

当我们还买不起幸福的时候，我们绝不应该走得离橱窗太近，盯着幸福出神。

主见就是人心深处的
一杆秤

人怎样才能坚持主见呢？其中十分关键的一点就是人善于摆脱自我束缚，善于应用正确的思维去看待周围的事物和环境。

那究竟什么是自我束缚？我们先举个例子来说明这个问题：跳蚤是一种弹跳能力极高的昆虫。如果将其放在桌子上，用手拍打，它可以跳得非常高，高度能是自己身高的百倍以上，这在动物界是屈指可数的。后来，科学家经过一连串的实验却发现，这个跳高能手却不会跳。

科学家们在跳蚤的头顶上架起一个玻璃罩，再使跳蚤跳动。跳蚤第一次就碰到了玻璃罩。这样反复多次后，为了更好地适应新的环境，跳蚤改变了自己能够跳起的高度，跳蚤每次跳起的高度总保持在罩顶以下。科学家们逐渐地将玻璃罩的高度降低，经过数次的碰壁之后，跳蚤就开始调节自己的高度。最后，当玻璃罩接近桌面时，跳蚤无法再跳了，于是只好在桌子上爬行。经过一段时间之后，科学家将其头顶的玻璃罩拿走之后，再拍桌子，跳蚤仍然不会跳，弹跳高手变成了一只"爬虫"，并不是因为它已经丧失了弹跳的能力，而是经过一次次的挫折之后变"乖"了、适应了，直至麻木。最可悲的地方就是：虽然玻璃罩已经不存在，但跳蚤已经丧失了"再试一次"的勇气。玻璃罩的限制在它的潜意识里留下了深深的烙印，进而反应在它的心灵上。

动物是这样，人何尝不是？行动的欲望和潜能被自己扼杀！科学家将这种很普遍的现象叫作"自我束缚"。

大部分人的经历与此极其相似。一个人在成长的过程中，尤其是幼年时代，遭受外界，比方说来自父母、老师等太多的批评、打击或遇到挫折，于是积极进取的热情、欲望就被"自我束缚"压制和封杀了。面对这样的境况，如果没能得到及时的疏导与激励，久而久之，他们就会对失败惶恐不安，对失败习以为常，逐渐丧失自己原有的勇气和信心，渐渐形成了懦弱、犹疑、孤僻、狭隘、自卑、不思进取等性格。这样的性格，在生活中最明显的表现就是没有主见，凡事随波逐流，人云亦云。

那么如何才能摆脱"自我束缚"？我们最好先看看下面这个故事：

1920年，美国田纳西州的一个小镇上有个小姑娘出生了，她是一个私生女，她的妈妈为她取名叫肖菲丝。肖菲丝长大之后，慢慢懂事了，发现自己和其他的小朋友不同：没有爸爸。小镇上很多人都对她投来歧视的目光，小朋友也不喜欢和她一起玩。对于这些，她都不明白是为什么，她感到特别的迷茫、困惑。她虽然是无辜的，但世俗却颇为残忍。每个人都很清楚，在一个人的一生中，很多事情我们都可以做出选择，但是没有一个人可以选择自己的父母。更为可怜的是，肖菲丝连自己的父亲是谁都不清楚，只好与母亲一起生活。

上学后，她受到的歧视并没有就此而减少，在别人的心理暗示下，肖菲丝变得越来越胆小懦弱，自我封闭，逃避现实，不喜欢和任何人接触，变得越来越孤僻……

在肖菲丝13岁那年，镇上来了一个牧师，至此肖菲丝的人生发生了翻天覆地的改变。

肖菲丝从母亲那得知，这个牧师人特别的好，也非常的谦和。别的孩子一到礼拜天，便跟着自己的父母，手牵手走进教堂，于是，她不止一次躲在教堂的远处，看着镇上的人欢天喜地的从教堂里出来，而她只能通过聆听教堂庄严神圣的钟声和偷看人们高兴的神情从而去想象教堂中的神奇。终有一天，她鼓足勇气，等别人都进入教堂以后，偷偷地溜了进去，躲在后

//

排静心倾听。

牧师讲道：过去不等于未来。过去成功了，并不代表还会成功；过去失败了，也不代表未来就要失败。过去的成功或失败，只能代表过去，未来的一切都由现在来决定。我们每个人都要学会面对现实，更应该重视现在。我们现在干什么，选择什么，就决定了我们的未来是什么!失败的人不要气馁，成功的人也不要骄傲。成功和失败只不过是人生的一段经历，一个事件，都不是最终的结果。在这个世界上，没有永恒的成功人士，也没有永远失败的人。

肖菲丝是一个领悟力极强的女孩，有着丰富的情感，牧师的话深深打动她的心灵，仿佛一股暖流注入心田，冲击着她冷漠、孤寂的心灵。

从此以后，肖菲丝的心态发生了很大的改变。这是她后来取得一次又一次成功的转折点。

40岁那年，她当上了美国田纳西州州长；届满卸任之后，弃政从商，担任世界500强大企业之一的公司总裁，成为誉满全球的杰出人物。在她67岁那年，她出版了自己的回忆录《攀越巅峰》，在书的扉页上写下了这样一句话：过去不等于未来! 幸福掌握在自己手中。

可以说肖菲丝是一个成功摆脱自我束缚的最佳事例，同时这也是牧师教给她运用正确思维看待人生的结果。在牧师的启发之下使她成为了一名杰出人士，一个在事业上取得成功的杰出人士。

人生路上，我们需要做的不是缅怀或伤感过去，而是积极地把握现在，拥抱明天。"过去不等于未来"，就是要求我们用发展的眼光看待周围的一切事物，包括自己，这才是我们真正能够坚持主见，主宰自己命运的心态。

用欣赏的目光
审视自己

空旷而寂静的讲堂里，所有人的目光都聚集在一个女人身上。

她站在讲台上，有时挥舞着双手，有时仰着头，脖子伸得很长，和尖尖的下巴形成一条直线；有时她会张着嘴巴，眼睛眯成一条缝，注视着台下的听众。偶尔，发出咿咿呀呀的声音，没有人知道她在讲什么，她基本上是个不会说话的人。不过，她的听力很好，只要有人猜中了她的意思，她就会开心得拍着手，叫一声，然后举起一张明信片，示意他答对了，可以获得这个礼品。

这场别开生面的演讲，是她巡回演讲的第三站。她从小就患了脑性麻痹，疾病让她失去了肢体的平衡，夺走了她说话的能力。二十多年来，她一直活在众人异样的目光里。不过，这些痛苦并没有给她的心理造成阴影，她笑着面对，最后还取得了美国某知名大学的博士学位。

演讲过程中，一位学生提问："您从小这个样子，有没有怨恨过？或者羡慕过正常的人？"听到如此尖锐的问题，台下窃窃私语，似乎在指责提问者太过分了，直戳别人的痛处。

不过，她并没有生气。她先在电脑上打了一行字，投射在屏幕上，表示听懂了对方的提问："我怎么看我自己？"接着，她看着发问的同学，嫣然一笑，又低下头继续打字："我很漂亮，我的腿很长很美，我的父母很爱我。我会画画，会写文章……"

看到这里，台下的人都沉默了。在寂静中，她打字的声响非常清晰。对于这个话题，她写下最后的结论："我只看我所有的，不看我所没有的。"

也许，在众人眼里，她的人生有太多的遗憾，可庆幸的是，她不羡慕别人，不否定自己，哪怕遭遇了疾病的折磨，依然快乐地活着，努力找出自己的优势，发现自己的美好。在这一点上，有的身体健全的女人却做不到，只盯着别人的好，内心充满怀疑和否定，极其在意别人挑剔的目光，过分在意自己一时的得失，失去了自由奔放的个性，变得自卑自怜、自暴自弃。

在写给女人的箴言中，卡耐基说："发现你自己，你就是你。记住，地球上没有和你一样的人。在这个世界上，你是一种独特的存在。你只能以自己的方式歌唱，只能以自己的方式绘画。你是你的经验、你的环境、你的遗传造就的你。不论好坏与否，你只能耕耘自己的小园地；不论好坏与否，你只能在生命的乐章中奏出自己的音符。"

现实中无法找到完美的人，但总能找到美好的人，这份美好就来自自我欣赏。无论自己生得美或丑，无论自己活得伟大还是渺小，他们都会用欣赏的目光审视自己，不会嫌恶自己、贬低自己。

生命是自己的，生活也是自己的，每个人都有令人羡慕的东西，也都有缺憾的东西。不要把生命浪费在与别人的对比上，欣赏你所拥有的一切，放下心灵的负担，仔细品味自己的生活，就不会轻易动怒和沮丧了。

如果能简单一些，只看自己拥有的，不羡慕，不攀比，必会少了诸多烦恼。欣赏自己的生活，不因默默无闻而烦恼自卑，活得坦坦荡荡，活得落落大方，这才是一个优雅的人该有的样子。就像那春寒料峭的梅花，虽不及牡丹那般得人宠爱，却仍然义无反顾地迎着寒风倔强地开放，至香至色，只愿与清寒相伴。

梅花如此，生活亦是，只要活得有滋有味便好，不必太在意活着的方式。心平气和，随遇而安，把名利得失看得淡一点儿，从别人的生活中走出来，一步一个脚印地走自己的路。当有一天蓦然回首的时候，你会惊喜地发现，自己走过的地方也是一片怡人的风景。

以最好的姿态，
拥抱这个世界

人生如同一场旅行，沿途有良辰美景，也有坎坷泥泞。一路上，凄风苦雨，灰尘漫天飞扬，随时可能降临；纵然是阳光普照，依然会有阴影的存在。如果一颗心总是被灰暗覆盖，干涸了心泉，黯淡了目光，失去了希望，就无法等到柳暗花明的那一天。

医院门诊室外的长椅上，一胖一瘦的两个女人并排而坐，都在等待检查的结果。胖女人和丈夫有说有笑，谈论着附近有什么特色菜值得尝尝；瘦女人不停地擦眼泪，冲着丈夫嘟囔着："要真得了病，也是被你们气的。"

结果出来了，两个女人都得了肝硬化。胖女人很平静，似乎早有心理准备，咨询了一些问题之后，便离开了诊室。她依然和丈夫有说有笑，似乎根本没有把生病的事放心上。瘦女人一脸焦虑和担心，走出诊室时就已经控制不住情绪，说上天太不公。

半年后，胖女人和瘦女人又在医院重逢。此时，胖女人的病情已经有了好转，而瘦女人却因为长期的抑郁、暴怒、激动，发展成了肝癌。医生感叹："有时候，疾病本身不可怕，可怕的是情绪和意志。"

人生不如意事十之八九，可与人言无二三。工作失意、孩子生病、父母不理解、婚姻令人窒息，扰得多少女人对生活失去了信心，要么选择逃避，要么选择放弃，要么愤世嫉俗，要么自怨自艾，一蹶不振。一颗心沉浸在愤怒中，怒吼着：为什么是我，而不是别人？

其实，真的没有谁比谁更幸运，逆境多过于顺境，似乎是人生的规律。每个人都会经历痛苦，或早或晚而已，你看到的"幸运者"，也许是未曾迎来真正的风雨，也许是已经亦步亦趋地挺了过去。成熟的过程里，永远少不了眼泪和艰辛，但更离不开的是乐观和微笑。

汪洋大海上航行的船，要经受惊涛骇浪的考验，才能驶向目的地；翱翔在天空的风筝，总要承受逆风的痛苦，才能飞向更高的天空。心情沮丧的时候，愤怒、哀叹、歇斯底里，必将惹人厌烦和鄙夷，于是痛苦的伤痕变得更深。笑着与那些痛苦的遭遇和解，在隐忍中优雅高歌，赢得的将不仅仅是鲜花和掌声，还有饱含敬意的目光。

她很小的时候，父亲就生病了，母亲为了维持生计，辛苦地在外打工。她7岁那年，就担任起为父亲做饭和护理的工作。当时，个子不高的她做饭时要垫椅子，有时还要打多通电话问妈妈。妈妈是个乐观的人，从未对生活、对家人有过不耐烦。她总能在电话里听到妈妈的鼓励："我知道你一定行的。"这句话给了她勇气和自信，虽然饭做得不那么好吃，可她并不觉得沮丧。

命运，似乎有意栽培这个豁达的女孩。27岁那年，她的丈夫离家出走了，没有工作和积蓄的她，带着三个孩子，生活陷入了困境。这个平凡而坚强的女人，没有表现出丝毫的愤怒和怨怼。几经奔波，她得到了一份既可以赚钱又可以照顾家庭的直销工作。

面对竞争对手，她有着豁达的心胸；面对顾客，她有着坦诚的微笑。很快，她从一位普通的直销员成了经验丰富的销售强人，年薪也涨到了2.5万美元。靠着这份豁达和坚持，她一步一步走上了领导的职位。然而，幸运并未一直伴随她。在46岁那年，她接到了降职通知，理由很直接，因为她是女性。她不恼不怒，接受了公司的安排，可内心深处却有了新的打算。

//

之后，她依靠5000美元的注册资金，建立了自己的化妆品公司。办工场地是一间46平方米的仓库，员工是9名普通的家庭妇女，可她对这份事业却充满了干劲儿。数年之后，她的公司成了一家大型的化妆品跨国企业集团，拥有全美最畅销的护肤品和彩妆品牌。

这个坚强豁达的女人，有一个美丽的名字——玫琳凯。在她心里，一路走来遇到的那些风风雨雨——儿时贫困的生活，年轻时的离异风波，中年时被降职——都是生命里最宝贵的经历。那是她真实人生的一部分，却也只是人生的一部分。

苏轼有词云："人有悲欢离合，月有阴晴圆缺，此事古难全。"这是一种感叹，饱含着一种看透人世后的淡然和宁静。阴晴圆缺是自然规律，是自然而然的转变。悲欢离合，顺逆穷通，也是人生的常态。没有人可以预料下一秒会发生什么，但都可以保持一份心不随境转的豁达。当一切都能够看开的时候，就能坦然面对命运赋予的所有，就能在不幸降临时依然热爱生活，就能含笑自信豁达地说一句：没什么大不了！

最高贵的人生是
活出自己想要的样子

比学会听从别人的建议更重要的是，弄清楚自己的本心。

严是我见过的最有主见的女生。她来自一个小山村，在亲戚的资助下上了大学。因为家里条件不好，她每天都要在课后的空余时间出去打工，有时从下午放学一直要工作到晚上十二点。

那时候严因为每天大多数时间都用来打工，她的学习成绩也只能用中等来形容。每月赚来的钱除了用作她自己的生活费和学费外，其余的全部寄回家里补贴家用。

因为她经常打工到很晚，于是有些不明真相的同学便对她指指点点，说她在夜店上班，当陪酒小姐。严听到这种说法之后，从不争辩，只是默默地独来独往。后来有一次她的母亲到学校来看她，恰好听到了同宿舍的同学们在议论她，身体不好的母亲当场就犯了病。

//

严送走妈妈后，她依旧打工却更加拼命地读书。

很久以后，我问严："和周围的人比起来，你有没有觉得人生不公平？"

她回答我："只有弱者才会要求公平。我一个从乡下出来的丫头，不靠任何人能奋斗到今天，过上了我当年根本不敢奢望的生活，这已经是上天对我的眷顾，还有什么不公平的？"

"之前勤工俭学被误解过，被流言蜚语中伤过，难道你就不难过吗？没有想过放弃吗？"

严只是淡淡地笑了笑，反问我："难道就因为别人误解过我们，伤害了我们，我们就要放弃自己的选择吗？这是我们不能过好自己生活的理由吗？看法是别人的，可生活是我们的，我们为什么要在别人的世界里过自己的人生呢？"

是啊，我们为什么要在别人的世界里过自己的人生？

最高贵的人生是活出自己想要的样子，最廉价的人生是活成别人口中的样子。我们很多人太在乎别人的看法、别人的眼光，往往会作茧自缚。甚至有些看似善意的建议，不仅没能够带领我们去往更好的地方，反而还会让我们迷失自己。

我曾见过一位阿姨，在退休后毅然报名参加钢琴学习班。起初，和阿姨同龄的人对她这种"荒唐"做法都很诧异，甚至有人调侃她："这么一把年纪，还搞这种情调，真是人老心不老。"

家人们也纷纷劝阿姨："你这么大年纪了，现在开始学钢琴不容易，选点儿简单的吧，有点儿事干就行了。"

可是阿姨坚持自己的选择，她说："我今年五十五岁，再不济也能活十年，运气好的话我还能活二三十年，为什么不学呢？上了年纪学得慢，大不了我就多学几年，别人爱说啥说啥去。到时候就能弹自己喜欢的曲子，我自己高兴，为什么不学呢？"

阿姨用了几年的时间，真的学会了弹钢琴。在今年重阳节老干部活动时，阿姨还现场弹奏了一曲。当年在背后议论纷纷的人，都对阿姨竖起了大拇指。

只要是一件正确的事情，不管别人怎么说，我们都不必因为他人的喜恶而动摇自己的初心。我们总对别人的看法和议论耿耿于怀，反而更过不好自己的人生。按照我们的想法去做，即便遇到困难又如何？最重要的是我们要知道自己要什么，到底想过什么样的生活。

我们的内心是否富足、是否坚强，取决于我们对待生活的态度。别人怎么说是别人的事，最重要的是我们是否能过好自己的生活。

很多事情与其将来后悔，不如现在去勇敢尝试。如果我们想创业，那就去创业吧，或许你真的会闯出一片天地；如果我们想留学，那就努力学习外语，去参加考试，不必畏首畏尾；

如果你是一个女孩，想追一个男孩，也无须在乎别人的看法，只要你真的喜欢那个男孩子。

我们应当学会听从别人的建议，但人活着更重要的是弄清楚自己的本心。我们必须面对真实的自己，因为究其根本，我们才是自己人生的真正主导者。

放宽心，放空自己的脑袋，暂且把外界的看法以及那些杂七杂八的声音屏蔽，先好好地倾听自己内心的声音，问问自己到底想要的是什么？

活在世上，我们会听到许多声音，有善意的也有恶意的，有好的也有坏的，如何择其精华，弃其糟粕，是我们所需要学习的课题。不要让别人来影响我们的人生，我们的人生要由自己做决定。

无论如何，请记住：你的幸福在你手上，与他人无关。

不卑不亢，才是
理想的人生状态

前不久，好几年没见的大学同学阿兰跳槽到我所在的城市。我们在电话里简短地寒暄后，便相约小聚一下。

我们约在市中心的一家咖啡馆。下班高峰期时，地铁里拥挤不堪，我费了好大力气才挤进去。下午六点多的时候，我推门进了那家咖啡馆，虽然迟到了几分钟，但阿兰也还没来，这让我稍稍安心了一点儿。我这人吧，宁愿等别人，也不愿别人等我。当然，等待也是有限度的，一杯咖啡的时间，如果咖啡喝完，等的人还没来，我二话不说就走人。

订的位置正好靠窗，咖啡喝到一半的时候我便看到阿兰急匆匆地下了出租车。

"不好意思，不好意思……临时有点儿事耽误了。"阿兰还没坐下来就一脸歉意地冲我笑笑。

"没事，我也迟到了一会儿。"

我们边喝咖啡边说着自己不咸不淡的生活。几年的时间，阿兰的改变还在我的预料之内。她说着自己忙碌的生活，说前几份工作的辛酸，说现在朋友关系的庞杂与热闹。

窗外华灯初上，璀璨闪亮，却依然给人一种远在天边的错觉。相反，咖啡厅里奶白色的灯罩下，光线朦胧而温馨，正是聊天的好地方。

只是，这样良好的氛围不时被打断。她的手机几乎隔几分钟就会不合时宜地响起来，而每次的通话时间却只有那么短短的一两分钟。

这样连续几次后，阿兰没待我问便主动说："都是以前的一些同事打来的，也没什么大事，就是无聊想找我聊聊天。"

"那是好事啊，说明你人缘好，大家都喜欢你。"

没想到我随口这么一说，一直情绪高涨的阿兰却顿时有了诸多感慨。她苦恼地说："不知道是不是自己太随和了，周围的人无论有什么事都第一时间想到我，搬家的时候，无聊的时候，失恋的时候，甚至家里的小猫开始厌食这种事也会跟我说半天。对了，你知道最'奇葩'的一次是什么吗？一个同事家里的下水道堵了也给我打电话，让我过去陪她等修理人员过来……"

"你去了？"我有些诧异。

//

"当然去了啊。"她无所谓地耸耸肩,"别人都打电话过来了,总不能拒绝别人吧。虽说不上是多要好的朋友,但就同事这一层面来说,搞好同事之间的关系对今后的工作也有帮助啊。你不知道吧?她们都夸我特别有亲和力呢。只不过,我每天都很忙,上班为工作忙,下班为他人忙,都没什么私人时间了。"

我了然地点点头,并不作评价。她这种性格大学时我就有所察觉,只是没想到进入职场后,会发展成现在这种情况。

分别时,我帮她拦了车,而她在应付一通电话。

把她送走后,我没有马上回家,一个人沿着喧嚣的街道走了一会儿。这次时隔几年的碰面,让我无限感慨,现在的阿兰就像曾经的我,一直忙忙碌碌:忙着应酬,忙着各种交际,忙着照顾朋友的心情,忙着处理别人拜托的杂事。曾经的我每天都很忙,但归根到底,那种忙碌并没有让我感到充实;相反,它让我无所适从,几乎失去了自我。

所幸,当时一位前辈点醒了我。那天我跟前辈忙完一个策划案后,已经很晚了,她有车,说顺便送我回去,我也就没有推辞。因为上班的时候手机调成静音状态,所以坐在车上习惯性地翻看手机时,惊讶地发现竟然有十几个未接电话,还是几个不同的朋友打来的。我回了一个,电话那边还不待我开口,他就说道:"啊,没什么大事,我今天出门忘记带钥匙了,等物业的时候就想着跟你聊聊，结果你没接……"

另外几个未接电话也无非是这样的小事，我有些无可奈何，叹了一口气。

那位前辈瞥了我一眼，就开始教训我："其实我早就想跟你谈谈了，你看你，人太随和了。无论什么人、什么事，你都不懂得拒绝。长此以往，别人就以为你好说话，但这样你不累吗？"

我有些愕然，却又老老实实地点头。

前辈接着说："唉，亲和固然是好的，但是亲和也是有界限的，像你这样就不叫亲和。你要懂得拒绝，知道什么是自己分内的事，什么是闲事。每个人都有自己的生活，不要光顾着别人，却把自己的生活弄得一团糟。"

当晚回去之后，我也想了很久，不断地反思，终于也算悟出了一点儿道理。之后，我开始不动声色地改变，生活逐渐明朗，也逐渐轻松。当然，这个过程却并不轻松，成长总是要付出代价的。

到现在，对于朋友间的交际，我有了自己分寸的拿捏；而阿兰，我相信她终会明白这一点，也终究还有很长的一段路要走。毕竟，只有亲身经历过，才有最透彻的领悟。

我知道，有很多人像曾经的我和现在的阿兰一样，为了让自己变得更有亲和力，不得不一味地附和周围的人，从来不懂得拒绝。久而久之，我们固然变成了老好人，但也丢失了自己原本的性格和个性，成为别人眼中不受尊重的人。

这样的亲和力又有什么意义呢？要知道，不卑不亢才是理想的人生状态，只知道附和而不去拒绝，最终会让人生变得一团糟。所以，任何事都需要掂量清楚，依照本心去做，才是正确的选择。

第二章

你要的未来，
别人未必给得了

别轻信，
靠人不如求己

"一样米养百样人"，不同的人来到我们的生活中，会给我们带来很多不一样的感受。有些人走进我们的生命中，给我们带来了更璀璨的人生及更美好的生活；还有一些人，他们在我们的生活中兴风作浪，只是为了给我们上一堂课，让我们深刻地领悟对错，让我们明白该怎么做人、怎么做事。

中国有句古话，叫作"林子大了，什么鸟都有"。有时候一些本不该承担的痛苦，恰恰是因为我们识人不清，轻易相信别人，没把握住自己的立场，做了一些不该做的事情。前几年，娱乐圈内爆出了一条丑闻：某已婚女演员与某位男艺人在街头牵手。事件爆出后，已婚的女演员一时成了众矢之的，先是闹出婚变，然后痛失高昂的代言费，原本戏约不断的她后来甚至无戏可拍，事业一落千丈。

在事情被媒体曝光后，男方只顾着自己如何摆脱窘境，态度冷酷，甚至对媒体解释"是女方主动牵的手"。此后，男方为表示划清界限的决心，主动搬离两个人在北京的住所，力争撇开与这件事情的关系。

这件事让这位女明星非常心寒，事后她在接受媒体采访时，伤心地说她算是"看透这个人了"，并表示从今以后与他老死不相往来。

这是一个令人叹息的故事。有些人闯进我们的生活，好像就是为了给我们上一堂刻骨铭心的课，然后转身离开，把伤痛、悔恨留在我们的生命中。但任何事都有两面性，不管如何心不甘情不愿，我们不得不承认，也正是因为有了这样的一些人，让我们在被伤害中学会了保护自己，不会再那么毫不设防；在被欺骗后学会了成长，不会再这样轻易为人所伤。

洛洛在感情方面总是拖泥带水，自两年前与前男友分手后她就没真正走出来。两年里她曾无数次偷偷去看前男友的主页，关注着前男友的动向。她是个管不住自己心的人，而前男友恰好也是个管不住自己的"渣男"，两个人明明不在一起了，两年后却又因不甘寂寞而找上了她。

前男友先是解释自己当初与她分手的原因，再打出一张深情的牌，告诉洛洛这两年他一直在想着她，从没真正放下过。

洛洛虽然在心里对那段感情本就不舍，但想到分手时他的毅然决然，还能保持一份理智，可后来甜言蜜语听多了，就忘记了两年前他是如何劈腿甩了她，两个人又重新走到了一起。

没过多久，洛洛发现自己有了身孕。这时，前男友却忽然像变了个人似的，对洛洛说："我们家人是不会同意我们在一起的，我们也不可能有什么未来。"洛洛如梦初醒，原来只是自己对旧情念念不忘罢了，自己只是他的备胎。洛洛伤心欲绝，苦苦哀求，而他丢下一句"你自己好自为之吧"就再也没有出现过。

后来洛洛在自己的微博中写道："都怪自己当初太单纯、太幼稚。这伤痛，深深地嵌进了我的生命里，也教会了我该独立。"

洛洛经此磨难，付出了惨痛的代价，好在她没有放任自己的情绪，沉溺于痛苦之中，而是勇敢地面对生活。从此，她在处理感情的事时，多了些理性，既没有盲目地否定自己，觉得自己不值得被爱，也没有在对别人的恨中消耗自己，更重要的是，她并没有因为这一次感情的伤痛，就从此不再谈感情，而是迅速走出伤痛，重新开始，并相信仍然会遇到美好的感情。

一年多后，她遇到了一个懂她、珍惜她的人，开始了新的生活。如果你用理智驾驭情感，所有的亏都不会白吃，所有的经历都能变成财富。我们也无须将每一个离去的过客都铭记于心，谁伤害过你，谁击溃过你，都无关紧要。你要的美好，别人未必给得了，一切都要靠自己。

别在吃苦的年纪
选择安逸

我唯一害怕的是一事无成，为了看到生命奋飞时的华美，我愿付出青春与安逸。

我来自一座小城，在我们那里，女孩子最好的出路就是当老师，然后嫁个公务员；再次就是和医生或其他事业单位的男人结婚，如此，一辈子的衣食便算有了着落。

但这样的生活，早就被我的潜意识摒弃了：趁着买豆浆的工夫发会儿呆，眼前就能晃过熟悉的身影；再和卖豆浆的聊几句，准能揪住一个熟悉的名字。

这座小城有祖孙三代人的记忆，尘埃里都能闻出我们相似的基因。一种近亲繁衍的气息让我想逃。所以当我填报大学志愿时，我毫不犹豫地选择了逃跑，远远地离开了我的小城。

家人觉得匪夷所思，距离小城不足100公里的地方就是省城，那里也有几所很好的大学，何必舍近求远？在本地工作，安安稳稳，一帆风顺不是很好吗？

为此，姥爷很多天不理我，奶奶骂我心野，我妈几乎是要逼着我赌咒发誓："千万不要和外省人谈恋爱，你毕业以后还回来的，要在这里成家。"

我的大部分高中同学都以小城为圆心、以未来为半径选择着自己的大学，与其说是选择，毋宁说是一种赖，赖着小城不肯走，不肯远离，生怕被小城抛弃了似的。

我们的班花没考上大学，不过很显然，她并不担心自己的前程。小城富庶且安宁，她的家族在这里颇有影响力，所以她并不像其他落榜生一样失落，而是很大方地在每个人的毕业纪念簿上，潇洒地签上了自己的大名。

她冲我笑时，娇俏的梨涡浮在腮边："没想到你跑得最远……我在这儿等你，四年以后都回来，我们还要一起玩的。"

平凡如我，竟能得到班花的如此青睐，让我有点儿受宠若惊。而实际上，我们的关系并没有她话语中那般亲近。也许是我一直很老实，也许是我对大学不言而喻的野心震惊了她，总之，能够得到美丽的女孩的祝福，每次想到，我都觉得愉快。

对她来说，未来是可以预测的，幸福就在指掌间。希望岁月安稳，时光静好，一切如她所愿。

//

　　所有人都认为我的离开是暂时的，我的根在这里，人还能在外面漂泊一辈子吗？所以，每年春节的同学聚会，我都会被通知。第一年，我参加了，和其他人一样，亢奋地和他们交流着大学里的新生活。我的余光瞥到班花远远地坐在一角，黑色紧身上衣显现着她曼妙的身姿，红如血般的羊绒围巾，依偎着她精致的小脸，白皙玲珑的锁骨暴露得恰到好处。

　　她那么惊艳，那么耀眼，很快所有人围拢了过去，嘘寒问暖，打听着她的近况。她并没有矜持，大方地和每个人握手、拥抱，时不时地奚落、嗔怪几句，举手投足间风情万种。

　　所有的男同学都失神了，这样的尤物，不是他们能够消受得了的。

　　果然，短短半年，她就和一个颇有权势的家族子弟订了婚，而她的工作，是律师助理。她眼下每天只需去律师事务所转转，剩下的时间就是提升自己的姿容，迎接即将到来的结婚庆典。

　　女同学盯着她手指上闪闪的钻戒，或默然无声，或啧啧称奇，或大惊小怪。

　　她始终没有注意到我。

　　第二次聚会是在大四毕业前夕，我收拾好行囊，决定到一个更远的城市流浪，而且誓死不回头。

　　一起在小城里同窗奋斗过的小伙伴们，大多像候鸟一样返回了老巢，他们对我的选择报以叹息："唉，你真的是……心太大了……"

这次，班花没来，听说她刚刚生下第二胎，如今儿女双全，正是"人间好时节"。

大学毕业的第三年，我回小城参加奶奶的葬礼，再次见到了那些老同学。

八十二岁的奶奶临走时还骂我的父母，怨他们没有把我看牢，让我长野了。

我没有见到奶奶最后一面，见到她时，她已经安详地躺在棺椁中，脸上有着整饬过的端庄和肃穆。

小城真小，在殡仪馆也能碰到不少老同学，于是第二天就被他们拉去聚会。

我酒量见长，来者不拒，喝得很豪爽。有人就借着酒劲儿问我："这些年，在外面怎么样？"

我傻笑："嗯，不错，还行，很好！"

"房子买了？"

"房子？买不起！"

"成家了吧。"

"没，还是老样子……"

"什么时候回来？"

"暂时不打算回。"

"你都这样……"

我知道他差点儿脱口而出的话是：你都混得这么惨了，为什么还死赖着不肯回头？

我心里知道，他们都已经得偿所愿，过上了按部就班的生活，只好借笑容掩盖自己的困窘。他也知趣地笑了笑，但是另有不知趣的立即来劝导："你说你回家多好！就你这响当当的学历，在家里早就混出来了……说不定房子都买好几套了！"

"对，对，对……我年轻不懂事，太傻了，心太高了……"我给人台阶下，结果把自己眼泪逼出来了。

四平八稳的日子是挺好的，如果我回小城当个老师，嫁个公务员或者医生，现在房子、车子、孩子都有了，幸福得多么具体！

可现在，我一无所有。

在别人看来，我这样执着，显得有些执迷不悟，我所谓的梦想在具体的幸福面前，多少显得苍白。我跟跟跄跄地往家走着，周围有人大声地吵闹。临街一个带着两个孩子的女人，一手抱着小的，一手扯着大的，怒气冲冲地踢向车门——那是一辆崭新的保时捷卡宴。

卡宴的驾驶位上是一位冷静的、看似无辜的男人，他什么话也没说就把车开走了。

女人号啕大哭，两个孩子也哭得此起彼伏。当她缓缓转身时，我惊呆了，那是一张憔悴中依然美丽的脸，她正是我们的班花。

万幸，她没有认出我，这样还不至于让她太尴尬。我默默地低头走过去，不忍心仔细打量她极度受挫的神情。当晚我就收到一条八卦消息：你知道吗？班花的老公出轨了……

四平八稳的人生，似乎意味着永远生活在舒适圈里，为了守住安逸，宁愿一生碌碌无为。享受了这份安全感，也就要承受这狭小、封闭的世界里的鸡零狗碎。

我不愿意就此一生，生命奋飞时的华美值得我付出青春与安逸。

我唯一害怕的是一事无成。

你要悄悄努力，
然后惊艳所有人

前几日与一位朋友小聚，刀叉碰撞间她显得有些无精打采，问及为何这样，她有些难过地说："不久前，有一位好友自杀了，因为承受不了人们的流言蜚语。"

自杀的女孩我也认识，那是一个不善言辞、性格温和的女孩。因为与同单位一个渣男交往，她的恋情一直被周围的人津津乐道。即便事情已过去许久，但人们只要看到她、提到她，那段往事总是会被大家再温习一遍，有同情，有唏嘘，也少不了对她当年愚蠢做法的鄙视。

看得出，女孩想努力地回到从前。她刻意与圈外人频繁相亲，希望能走出这段阴影，更希望人们能忘掉她的这段往事。可事与愿违，她一反常态的表现，更是成了大家茶余饭后的谈资。

也许是上天捉弄，也许是她太心急，就像进入死循环一般，她的每一段快速开始的新恋情无一例外地草草收场，人们就更有兴致说三道四了。一天晚上，她从宿舍楼顶跳了下去。

好友把刀叉放下，看着我："你觉得别人的话真的就那么重要吗？我们活着就是为了取悦别人吗？为什么我们要活在别人的世界里？"

好友的话令我想起了一部电影——《西西里的美丽传说》。这部电影被誉为"二战"时期的经典，影片里讲述了一位美丽动人的女子因为她的美丽而遭受了无数流言蜚语，最后导致自己的人生发生惨痛巨变的故事。

在影片中，女主角玛莲娜原本生活得很自在，但因为小镇上的男人觊觎她，而女人妒恨她，于是得不到她的男人写联名信侮辱她生活作风不正，而女人也因此谩骂她、殴打她。玛莲娜的名声坏掉了，没有人愿意卖给她东西，没有人愿意帮助她，她只能偷偷地找别人买东西。为了活下去她成了娼妓，以身体作为条件交换食物。

后来，对一切忍无可忍的玛莲娜终于逃离了这个对她有敌意的地方，逃离了这样的生活。很多年后再回到小镇的玛莲娜已经不再美丽动人。她变得很胖，变得很老，眼角有了皱纹。当初那些谩骂她的妇女们终于愿意与她打招呼了，并且高兴地窃窃私语："她不再漂亮了！"

这部影片在反映"二战"时期底层人们生活的同时，也刻画出了人性的丑陋。在阅读这部电影的多篇影评时，我不禁深思，假如玛莲娜不对这些流言蜚语妥协，在最开始受到污蔑的时候便决然离开，去另一个地方生活，是否一切会变得不一样？她是否能保留自己的自尊，是否能坚持以自己的本心生活，而不是屈服于这些丑陋的人性之下？

生活是条单行线，选择了一个方向，就看不到另一条路的风光。尽管我们不能假设，如果当初怎么样，现在也许就不一样，但无论如何，我们至少可以把握现在。

不要因为别人的看法而忧心忡忡、患得患失，我们不妨理智一些，清醒一些，选定方向，一路前行，既不要活在别人的目光里，也不要活在别人的议论里，紧紧抓住自己的命运，做最好的自己。

美剧《生活大爆炸》里 Leonard 在母校的毕业演讲里讲过一段话，并说这段话要献给那些没有存在感的孩子们："或许你们在学校格格不入，或许你们是学校里最矮小的、最胖的或者最怪的孩子，或许你们没有朋友，其实这根本无所谓。那些你们一个人度过的时间，比如组装电脑或者练习大提琴，终有一天会让你变得更有收获，等到他人终于注意到你时，你已经比他们强大太多。"

有时候，即便我们削足适履地迎合别人，也不见得会讨人喜欢。与其绞尽脑汁地讨别人欢心，不如把这些时间用来奋斗，努力地做正确的事情。

我们活在这个世上，看过太多冷漠的眼神，听过太多不屑的嘲讽，我们必须明白在这些闲言碎语背后，往往隐藏着一颗不怀好意的心。有时一些令人气恼的诋毁、让人愤怒的谣言，会让我们变得崩溃，变得不知所措。这个时候，我们更应该保持清醒和理智，只有这样我们才能保全自己不受伤害，不至于迷失在带着毒气的迷雾森林里。

活在这个世界上，我们无法让所有人都喜欢自己。不要因为他人的言语停下我们变得更好的脚步，要坚定的步伐，从这些嘈杂的声音上碾压过去；不要为了让别人认可我们而努力，而要为了让自己变得更强大而努力。

我们改正缺点是为了迎接更好的自己，而不是因为别人的闲言碎语。如果我们一直在意别人的看法，那我们只会迷失自己。为自己而活，才是最恒久的道理。

妥协往往是为了
稳妥地前进

斐斐是在别人羡慕的目光中长大的。大她七岁的哥哥毕业于厂校，是这个厂矿乃至整个县城唯一考上北京大学的孩子。为此，斐斐一家在整个厂区变得家喻户晓。厂区的每一个学龄孩子都被教育要向斐斐的哥哥学习，而所有的家长都对斐斐的父母投以羡慕的目光。在这个几千人的厂校里，从小学到中学，凡是教过斐斐的哥哥的老师无不以带出了这样一位优等生为荣。很长一段时间里，斐斐的哥哥只要回到这个县城，都会被请到厂校做专场报告，而她的父母也无数次被邀请在全校大会上分享教育经验。

起初，斐斐很以有这么个状元哥哥为荣，小朋友们都很羡慕她。可是，她感觉正因为有这么一个状元哥哥，自己快被压得喘不过气了。

//

　　从上中学起，斐斐的每一位老师无一例外地都对她寄予了厚望："斐斐，你的哥哥多优秀啊，你可得好好学，以后也要考清华、北大呀。""斐斐，你哥哥的数学一直是全年级第一，你现在只是全年级第十，加油啊！""斐斐，你的哥哥当年代表学校参加全国英语竞赛都是获了奖的，明年的英语竞赛你也得参加。"

　　刚听到这些话时，斐斐很受鼓励，也很自觉地给自己加压。慢慢地，当所有的激励都变成了无形的压力，斐斐就很烦再听到"你哥哥怎么样，你要怎么怎么样"之类的话。斐斐无法再感受到学习的乐趣，对她来讲，好像所有的努力都是为了向哥哥看齐。她开始害怕每次的考试，厌恶所有的比赛，憎恨各类成绩排名，而这一切都被斐斐平和的外表所掩藏着。

　　这种状态持续到高二的夏天，斐斐的小宇宙不可遏制地爆发了。那是在一堂物理课上，斐斐上课一时走神，被老师看了出来。

　　如果是别的同学，老师点名提醒一下也就罢了，可因为是状元的妹妹，斐斐被老师严厉地批评了，所有的批评即将结束时，老师仍不忘说："哥哥那么优秀，怎么会有你这么一个妹妹？你们到底是不是一个妈生的？"

　　一向温顺的斐斐冷冷地回答："我是不行，你行，你还不就是一个厂矿学校的老师，你倒是考个北大给我们看看呗。"

　　斐斐任性的回答使得物理老师先是一愣，然后开始了歇斯

//

底里地持续了半堂课的咆哮。后来无论是爸爸妈妈苦口婆心地劝说，还是班主任、科任老师的谈话，甚至是全年级的通报批评，倔强的斐斐就是不向物理老师道歉。一个多月后，这件事总算是平息了下来，但此后，不但物理老师，所有给斐斐上课的老师待斐斐都像空气一般，不闻不问了。

面对老师们态度的转变，斐斐不但没有醒悟，反倒变本加厉。最为关键的高三，斐斐用冲动、任性、赌气的方式对待自己一生中最重要的挑战。她没有认真听过一堂课，也没有认真对待过一次考试。

高考时，斐斐名落孙山。看着同学们都踏入自己心仪已久的高校，她终于明白，偏执的她，用任性与冲动，亲手毁掉了自己原本灿烂的未来。

从坚信"我命由我不由天"，到学着和这个世界和解，慢慢承认这个世界没我们想得那么单纯美好，生命与成长也没那么简单，我们都或多或少在成长的路上孤独地走过。

我们有多少人曾经犯过傻，做过错事？为了一个心爱的男人从A城奔赴遥远的B城，或是为了一个女孩大喊"再也不相信爱情了"。我们还有人因为工作上一丁点儿事就撂话不干了，结果公司好像并不买我们的账，我们只好失落地打包自己的行囊。

在别人的目光中，我们肆意、洒脱，是性情中人，可除去表面上的光鲜亮丽之后，我们剩下的还有什么？

我们觉得自己这是棱角分明，活得极有骨气，可真相却是自己做的傻事被当作"故事"传颂，更重要的是，这些傻事往往把我们推向无底深渊。

我们活在这个世界上，纵然再不能接受生命里的一些不如意，也要努力学会与这个世界握手言和，因为这是一种对自己的宽容。

每个人都渺小如尘埃，这个世界的规则不会因某一个人而改变。一个公司不会因一个员工的离职而马上倒闭；一个科研项目也不会因为某位技术人员的离开而停止研发；我们的岗位若是少了我们，请相信我，立即就有新的员工顶替上来。因为在我们看不见的地方，总有人在默默努力着。

不要再自以为是了，或许我们并没有自己想象中那么优秀，那么理智。感性有的时候能为我们的内心带来许多愉悦，助力我们感知这个世界的美好，感受自己的如意，并放大这种感受。但是你要知道，这种被放大了的感受有的时候并不是事实，我们可能并没有那么成功，没有那么优秀，没有那么能洞悉全局。

学着和这个世界和解吧，妥协，往往是最稳妥的前进方式。

经营自己的长处，
使人生增值

处在这样一个飞速进步、信息爆炸的时代，正确的选择有时候比努力更重要。要想做出些成绩，首先就要了解自己的长处，找到能发挥自己优势的最佳位置，然后才能制定出正确的方向和目标。

经营自己的长处，就能使人生增值；反之，则会贬值。正如富兰克林所说："宝贝放错了地方便是废物。"甚至可以说，一个人的成功不完全是因为改变了自身的缺点，而是能把自己的长处发挥到最大限度。

英国著名诗人济慈是医科出身，一个偶然的机会，他发现自己竟然那么着迷于诗歌，并且在初试手笔时便得到了肯定。于是，济慈当机立断，把自己的整个生命投入到诗歌创作当中。虽然这位年轻的诗人在世仅有短短二十几年，但他所创作的许多不朽诗篇却永远为人们所传颂。

一代导师马克思在年轻的时候，最大的梦想是有朝一日能成为一名浪漫的诗人。为此，他曾努力创作过一些诗歌。但在接下来更深层次的创作中，他很快发现自己并不十分擅长写东西，便毅然放弃了做诗人的梦想，转到社会研究上去了。

我们如今可以试想，倘若这两人都不能正确地认识自己，不善于经营自己的长处，结果又会怎样呢？也许英国至多不过增加了一位蹩脚的医生，而国际共产主义运动史上则肯定要失去一颗最耀眼的明星。

美国著名成人教育家戴尔·卡耐基说："每一个人都应该努力根据自己的特点，如环境、条件、才能、素质、兴趣等来设计自己，确定进攻方向，量力而行。"有些人把时间用于追逐并非真正适合自己的工作，频繁更换，除了拥有了太多的试用期之外，几乎一无所获。因为一旦站错了位置，就会极大地浪费自己的潜力资源。

其实，与其埋怨或坐等机会，不如全面分析自己想做什么，能做什么，社会需要什么，找出最佳结合点。有时，改变一种思维模式，兴许就会有完全不一样的境况。就像皮尔·卡丹曾经对他的员工说："如果你能真正地钉好一枚纽扣，这应该比你缝制出一件粗制的衣服更有价值。"

爱因斯坦在20世纪50年代曾收到一封信，内容是以色列政府诚意拥戴他为以色列总统。

令众人没想到的是，爱因斯坦当即谢绝了。他说："我的一生都在同客观物质打交道，因而既缺乏天生的才智，又缺乏经验来处理行政事务及公正地对待别人。所以，本人不适合担当如此重任。"

英国前首相梅杰47岁就荣登首相宝座，这在当时引起了外界不小的关注。人们对这位近百年来英国最年轻的首相的经历颇感兴趣，却意外发现，梅杰年轻时并没有什么突出表现，甚至在中学时还曾因成绩不好而被劝退。后来在投考公共汽车售票员时，他又因心算成绩太差而未被录取。

对此，有人发出质疑："一个连售票员都不能胜任的人，怎么能当首相？"

梅杰不带任何情绪，和气却坚定地回答："我的数学能力是差一些，但我自己的长处恰好能在做首相时发挥到最好。首相不是售票员，用不着心算。"

人生的诀窍就在于经营自己的长处，扬长避短才能让宝贵的时间得到利用，在相同的情况下拓展生命的长度。用自己最不擅长的"短板"去硬碰他人的"看家本领"，即使再喜欢，其结果大概也能预料到了。只有投入到自己所擅长的项目之中，

//

并做到出类拔萃，才有可能凭借无限的潜能和热情收获成功。

有一年，日本精工株式会社在纽约雇用了一个美国人当门卫。这个小伙子精明、干练，在短短的时间内便显示出与众不同的能力，连社长都注意到了这个普通的门卫。

经过内部商议，很多中层领导都觉得这样一个人只做门卫，实在是太可惜了。于是，社长把这个美国小伙子叫到他的办公室，对他说："虽然你来的时间不长，但你的表现已经充分显示了你的能力，得到了大家的认可。现在，我想提升你为办事员，当然，你的一切福利待遇也会相应提高。不知你的想法如何？"

面对这样一个在很多人看来是天大喜讯的消息，小伙子的脸上并没有过喜的表情，相反他沉默了。过了一会儿他才说："难道我做错什么事情了吗？来此之前，我干守卫已经有10个年头了，公司为什么要把我宝贵的经验一笔勾销，让我去面对一个完全陌生的领域？我认为这是对我的侮辱！"

通过进一步交流社长才得知，并非是小伙子不喜欢更高的职位和更多的薪水，只是他清醒地认识到门卫的工作才是自己最擅长的，也是最适合自己的。所以，他理智地主动拒绝了升迁的机会，找准了自己的定位。

每个人的工作定位和社会角色都不尽相同，但人贵有自知之明，知道自己擅长干什么，不擅长干什么。正如比尔·盖茨所说："知道自己究竟想做什么，究竟能做什么，是成功的两大关键。"

或许你一面对大量纷繁复杂的数字就头昏脑涨，但你却有天生的绘画才能；也许你和爱因斯坦一样，只能制作"世界上最糟糕的小凳子"，但你却有一副动人的歌喉；也有可能，你不善言辞，甚至见到生人说话就结结巴巴，但你却能让文字在笔下开出花来；或者，你从记事起就被说为"四肢不协调，运动机能差"，但你却下得一手好棋。

没错，只要我们能够冷静分析，客观认识自己，扬长避短，认准目标，用心钻研最擅长的事情，硕果累累的一天终将会降临在我们未来的生命中。

跨栏定律：
跌倒后，爬起来

　　一位外科医生，一个定律，向世人揭示了这样的道理：一个人所取得的成就大小往往与他所遇到的困难程度成正比。这位医生叫阿费烈德，这种现象被称为"跨栏定律"。

　　一次，阿费烈德在外科解剖尸体时发现一个奇怪的现象：那些患病器官并不像人们想的那么衰弱不堪。相反，它们所呈现出的代谢能力甚至比正常器官机能的更强。

　　从医学的角度进行分析，阿费烈德认为患病器官因为和病毒作斗争而使器官的功能不断增强。假如有两个相同的器官，当其中一个器官死亡后，另一个就会努力承担起全部的责任，从而使健全的器官变得强壮起来。

　　后来，他在去一所美术学校给学生体检时意外发现，这些艺术生的视力大都比正常人的水平差一些，有的甚至还是色盲。

这引起了阿费烈德强烈的兴趣。他对艺术院校的教授进行走访调研，而最终的结果与他的预测完全相同：一些颇有成就的教授之所以走上艺术的道路，大都是受了生理缺陷的"刺激"。这些缺陷没有阻止他们，反而促进他们走上了艺术的道路。

阿费烈德认为这就是病理现象在社会现实中的重复，可以延伸到更广泛的层面上。这种情况就像在人们面前竖立的栏，栏越高，往往人跳得也就越高。他把这种现象称为"跨栏定律"。

实际上，阿费烈德的"跨栏定律"可以在自然界和生活中的很多方面得到体现：鲨鱼没有鱼鳔，所以它只能无休止地游动，而恰是这种永不停息的游动使它成了海中霸王；人类社会中，盲人的听觉、触觉、嗅觉都要比一般人灵敏；失去双臂的人的平衡感更强，双脚更灵巧。所有这一切，仿佛都是上帝安排好的，如果你不缺少这些，你就无法得到更强大的它们。

在人生漫漫征途中，每当我们横遇一个个架起的栏时，就存在着一个选择：是跨过去，还是停下来？回望来时路，若稍加留意便能发现，很多时候我们不是跌倒在自己的缺陷上或是最艰难的时候，而是跌倒在自己的优势上或是终点前。因为，缺陷和困厄往往能给我们以警醒，而优势和最后一刻的欣喜却常常使我们忘乎所以。

倒在终点前，就等于从未开始过，世上可惜之事莫过于此。

正所谓"行百里者半九十"，越接近终点就越难走好。我们是选择再咬牙跨过最后的一步，还是就此停下来松懈动摇，这是决定每一个人人生之路的主要因素所在。

20世纪60年代，在田径体育界有一位叱咤风云的人物，他曾多次打破世界纪录，是当时赫赫有名的运动员之一。因此，他也顺理成章地被选为罗马奥运会的参赛选手，参加110米跨栏比赛。他就是耶士·琼斯。

这次比赛被外界宣称为"最没有悬念的赛事"。几乎全世界的人都认为琼斯能够轻松赢得金牌，甚至还有媒体为他提前颁奖。然而，世界上的事就是如此戏剧化。让所有人大跌眼镜的是，琼斯因为踢到了一个跨栏而没有得到金牌，只获得了第三名。

这对琼斯简直是个天大的打击，以至于奥运会结束后很久，备受抨击的琼斯仍然很颓废。在充满沮丧的日子里，一个想法不断地冒出来："我是不是该退役了？"琼斯深知，要再过四年才有奥运会，才有洗刷"耻辱"的机会；而这漫长的四年，自己又何必再承受那些艰苦的训练呢？退出体坛，谋求其他方面的发展似乎成了琼斯唯一合理的出路，而这样的选择也是当时很多人一致赞成的。

但是，耶士·琼斯终究没有放弃自己一生追求的东西，他又开始了训练，一天3个小时，一天也没落下。就这样，琼斯的身影在以后几年里的田径赛场上一次又一次地出现。

1964年2月，纽约麦迪逊广场花园，琼斯参加了自己职业生涯中的最后一场比赛。几万双眼睛都盯着他。结果琼斯赢了，且平了自己所创造的纪录。

当比赛成绩在场上公示出来后，琼斯走回跑道上，向现场几万名观众鞠躬致谢。就在这时，全场起立致敬，琼斯感动得流下泪来，很多观众也流下眼泪。

也许，爱他的人，是因为这个曾经"失败"的人仍能继续坚持，跨过人生的栏杆。同年，琼斯参加了东京奥运会，在110米栏赛中凭借领先半步的优势赢得了金牌。

琼斯的成功，关键在于他的选择：跌倒后，爬起来，再跨过。他没有在心理上投降，没有被挫折击倒，反而爆发出了更大的能量。人生也同样如此。当我们横遭困厄时，坚持什么，放弃什么，要仔细地想一下，然后再做出相应的调整，不能轻易放弃或改弦易辙。那些举棋不定的做法，看似聪明，实则是愚笨的选择。

人生长路从来就不是一条坦途，其中总会有一些大大小小的"栏杆"挡住去路。面对这些栏杆，有人选择绕道而行，而有人则会不断积蓄力量，跨过它，继续朝目标前进。

选择前者的人，虽然当时好像走得很顺利，却没有意识到自己离初定的目标已经越来越远。当一座大山再次挡在面前而你也无路可退时，才会发现，自己是那么渺小。因为没有平时的积累，面对困难，你只能束手无策；选择后者的人，当困难把他们逼到一个狭小的角落里时，他们不逃避、不退缩，战胜了挡在面前看似高不可攀的"栏杆"，而这根栏杆也将变成助他们腾飞的起点。

成功从来不会
一蹴而就

有时候，我会给别人讲谁谁飞黄腾达的例子，听得人热血沸腾。于是便有人带着羡慕的心情问："这些人为什么运气这么好呀？"

人们眼中的成功者是被上帝亲吻过的幸运儿，随时在人生低谷时放大招，然后变成一个传说。

人们不断地用这些成功人士激励自己，总是希望能够复制他们的神话。

如果你喜欢读励志故事，那你一定看过马云的书，在他37岁之前，人生履历可以用两个字来形容：失败。37岁以后，马云突然飞黄腾达。终于，阿里巴巴在美国上市之后，他成了亚洲首富。他在自传里说，自己成功的秘诀就是无论处境如何，永远不后退，永远不抱怨。

你只看到马云在美国路演时的风光无限，你只知道他揶揄自己发愁钱太多花不出去的玩笑，可你不一定知道，马云曾经也有连盒饭钱都掏不起的困窘；你也不一定知道他蹲在街头和人聊梦想，不断被鄙视时有多沮丧。

放弃是一件容易的事，只需要一秒钟的软弱，只需要承认自己是个懦夫，只需要对现实投降，只需要对热血沸腾的未来视而不见。

我有个同学叫邓新，他在大学里很优秀。有一次，他陪着上铺的兄弟去面试，结果被公司HR（人力资源）看中，非要录用他。这种狗血桥段多像偶像剧，现实中却真的发生了。他本人既不高，又不帅，智商、天赋一般，一点儿也不像偶像剧里的主角。

邓新二十多年来没有这么被肯定过，于是信心满怀地去上班了，连走路都虎虎生风。

但很快，公司复杂的人际关系就给了他当头一棒。他憨厚勤奋，工作时就像头牛一样卖力，经常被同事支使得团团转，无论是谁，只要喊一嗓子，他肯定会挽起袖子冲上去。人家笑话邓新："智力障碍者一样，就知道卖蛮力，公司请了他算是超值了，大骡子大马都可以歇了！"有一次，公司有个会展，需要他布置广告幕布。主管叮嘱他幕布送来后要认真检查。连续好几天，他和广告公司那边沟通得相当愉快。可会展前一天，他得了急性肠胃炎，疼得眼冒金星，只好去医院。临走前，他挣扎着对同事小刘说："拜托你帮我盯一下幕布，今天下午就会送来，麻烦你拍个照片传给我。"

同事非常愉快地答应了。根据墨菲定律，越是担心什么就越会发生什么。第二天果然出事了，打开幕布时，所有人都惊呆了，原本该是大红色的底色，不知为何变成了黑乎乎的一团。老总黑着脸骂人，主管差点儿动粗，邓新被说得两眼发黑，就这样，他丢掉了第一份工作。

那天，他在班级群里聊了半天，反复地问我们："你说我为什么这么倒霉呢？我怎么那么笨呢？"

大家用光了所有安慰的话，对他还是没起到任何作用，后来我说："你有什么打算？就这样怨天尤人下去吗？"

邓新突然顿住，很久才打出一行字："不，我不会轻易放弃的。"

我们知道他体质不好，大学一年级体育测验，五项里面四项不合格，被体育老师奚落得恨不得找个地缝钻进去。从那天起，他每天在操场跑步，从开始的400米到后来的1500米。第二年体测时，邓新每项都是满分，还在学校的冬季越野赛中拿到了前十名。

邓新说自己像一只有着铁石心肠的小蜗牛，一点点地往终点爬，虽然慢，但绝对不会半途而废。

他收起了自己的抱怨，很少出现在QQ群里，我知道他肯定又像一只蜗牛那样慢慢地上路了。

今年，我出差时在机场偶遇了他，从他笃定而坚毅的眼神里可以看出，他成功了，因为他的眼里有着阅遍人间春色的淡定与从容。这简直是意料之中的事，我们互相礼貌地问候了对方，客气中有极力掩饰的生疏。

"还好我那时没放弃。"分别时，他很突兀地说了一句，他知道我能听懂。

我笑了："你不会放弃的，你不是一只执着的小蜗牛吗？哦，不对，应该是铁石心肠的小蜗牛！"

"哈哈！"他笑。登机前，我听到旁边一个年轻女孩在发脾气，对着手机发微信语音："今天你对我爱搭不理，明天我让你高攀不起。"

多么励志的话，我都想给这个姑娘点赞了。但愿她在发誓之余，能真正地去努力，去拼，让人望尘莫及。

没有哪个成功者是横空出世的，每个走出平凡的人都曾经历过百折不挠的努力，内心经过百转千回的纠结与彷徨，才有了现在的镇定和安稳。对未来抱有梦想，就要对自己狠一把。

优秀的人
肯对自己下狠手

对自己狠一点儿，你终将感谢今天发狠的自己，恨透曾经那个懒惰而自卑的自己。

也许只有小孩子才能坦诚地说"对不起，我错了"，人越是长大，越是害怕告诉别人自己错了，因为我们比年幼时的自己多了一张人格面具。

我们为什么这么在乎别人的看法？

我大学毕业以后，很长一段时间内，父母都不愿意跟别人提及我的工作，因为"面子问题"，他们思维定式，总觉得不在体制内的工作就不算工作，无论你在私企还是外企，都是不牢靠的。

让父母感到更加丢脸的事还有我的频繁跳槽。"我都不好意思跟人说你是干吗的，因为下一秒你可能又换了工作！"每次见到我妈，她基本上都这么说。

最初那几年，我确实挺爱折腾的，在很多行业里都摸爬滚打过，听上去不那么本分老实。可不去试试，我怎么知道自己到底适合干什么？为此，我走了不少弯路，浪费了不少时间，但这也是青春应付的代价。

有一年，我进了一家知名度很高的公司，那份工作如果干好了，我将会前途无量。只是我非常不自信，上手的过程又极其漫长，以至于最终交了白卷。

我总是情不自禁地描摹客户的无理取闹，主管骂起人来的"声情并茂"，以及同事的爱搭不理。越是接近那栋写字楼，我的心跳就越快，有时候在电梯里，我都会感到窒息。只有周五的下午是最美好的时光，一想到连续两天不用再受这种煎熬，我整个身体都要漂浮起来了。

我跟朋友倾诉："这份工作让我太难受了，你们说我何苦呢？"朋友诧异："能进这家公司多难得啊！你不要变相炫耀好吗？"我嘟囔道："可是，在那栋大楼里，我每分钟都想辞职。""什么？你疯了吗？"朋友大呼小叫，"你知道有多少人正像饿狼一样盯着你的职位吗？能进那么好的公司还抱怨，可别'人心不足蛇吞象'！你若不要，记得便宜我！但是，人家也许还看不上我呢。"

我无奈地摇头，在我看来压力巨大的工作，在别人眼中却有如此诱惑力，我的倾诉分分钟会变成矫情、做作，我还是闭嘴吧。

试用期还没有熬完，我就开始频繁失眠，睡着了就在噩梦里狂奔，仿佛被鬼追着，我明知道是梦却无法醒过来，那种痛苦和纠结简直比死还难受。我真心无法再坚持下去了，于是打电话给我爸，告诉他我想离开目前的公司。

我想得到他皱眉的样子。由于不敢直面母亲，每次换工作时，我都是告诉我爸，然后由他告诉我妈，起个缓冲的作用。但这次失效了。

"你怎么总是这么冲动啊？频繁跳槽，新公司对你的印象会很差的，人家会觉得你这个人不安分，不踏实，你想过这点没有？"我爸努力地保持着语气的平稳，但我能听出他的急躁，他的语速比平时快。

"我不适合这家公司嘛……再说了，我又不是裸辞，我朋友帮我介绍了一家更好的公司，压力要小得多，但收入可观，和目前相差无几，而且未来三年的职业前景更好。"

"草率做决定往往没有什么好结果的，你再冷静地想想，别这么冲动。毕竟，你现在的工作还是稳定的。"

"我朋友介绍的啊，她怎么可能骗我呢？我是宁当鸡头不当凤尾，我会找到自己最合适的位置的。"

"你已经长大了，我们老了，你也不会听我们的话了……所以，你自便吧，以后发现自己错了，不要后悔就行。"

我嫌我爸的话晦气且丧气，为此我还生了好几天的闷气。但当我真正跳到朋友介绍的公司后，才后悔不迭，我爸的话应验了，我的选择确实非常草率，公司并不像朋友说的那么好。我深深地懂得了后悔的滋味。我不怨朋友，她也不是存心要害我，只是我们的期望的侧重点不一样吧，所以很快我又离职了。

因为爸爸说的都变成了现实，所以我羞于启齿，很久不和家里联络，倔强地扛着，有和自己赌气的意味。亲朋好友问起来，我只说还在先前的大公司，没有提到自己"走麦城"的窘迫，害怕遭到嘲笑和怜悯。

中秋节的晚上，手机突然响了，我犹豫了半天才接，是爸爸妈妈打来的。他们的声音很平静，好像并没有发生什么大事，只是照例问我最近身体怎么样，有没有发现好吃的小馆子，秋天快到了，我的棉被是否需要更换。我沉默不语，尽量敷衍着，很快挂了电话，我怕他们知道我在哭。节后我接到了大学同学彦泽的电话，他问我在大公司工作得怎么样，我说还好呀，薪水和福利都很不错。他想让我帮他递一下简历，因为现在公司把人事招聘交给了猎头公司，个人投来的简历根本无法被 HR

（人力资源）发现。

　　我尴尬极了，只得说："我只是没有转正的小员工，没什么机会接触到 HR 啊，我恐怕会让你失望……"可他毫不气馁，用了很多词来说服我帮他，最后还扔出了煽情催泪弹："我快要当爸爸了，我想做个更有能力的男人，让我的妻子和孩子能够在想打车的时候任性地打个车，想消费的时候任性地花一次钱，这个愿望不为过吧？"

　　我感动得快哭了，不过还是没说我无法帮忙的真正原因。隔天我爸又打来电话，我正郁闷，因此无名火起，说了一通抱怨的话。我爸温柔地说："你下来吧，我来看你了。"

　　我顿时泪眼模糊。我爸说他恰好来此地出差，顺便去了我跳槽的新公司，这才得知我已经离职，便什么都明白了。我爸带我去西餐厅吃了一顿昂贵的午餐，鼓励我继续战斗。

　　"爸爸，我错了，我选错了。你说得对，我不该跳槽，我后悔了，但是我会继续努力的。"我终于鼓起勇气说了真实感受，说出来以后，整个人都轻松了。

　　爸爸含笑不语，只是让我继续吃。我的眼睛又因湿润而模糊了。

　　趁着去洗手间整理的工夫，我给彦泽打了个电话，告诉他我已经辞职了，所以不能帮他递简历。彦泽半晌无语，最后讪讪地挂了电话。

后来我看到他在朋友圈里私下讽刺我的虚荣，颇有怀疑我被公司开除之意。这样的结局虽然让我堵心，但比背着精神重压要好过多了。

有时候，我们只有鼓足勇气，打破这种虚荣的人格面具，才能回归本色，活得像自己。突破自己的虚荣心，需要一些坚决果断，只有对自己狠一点儿，才能活得更真实。

每个人都有
主动追求幸福的权利

一个人幸福与否关键在于肯不肯去争取。就如小S所说："我就是胖，可是我会减肥。我就是龅牙，可是我会戴牙套。喜欢他，那就追啊！"看见事业、爱情双丰收的小S，我们就能明白，人需要主动争取，才会有获得幸福的机会。

电影《如果·爱》中有一句台词："记住，对你最好的人永远是你自己。"靠山山会倒，靠人人会跑，关键时刻还得靠自己。这个浅显的道理人们大概都明白，但并不是每个人都在认真地去做。很多事情明明知道是由自己完成，却总是千方百计地找理由自欺欺人或欺骗他人，总是渴望他人的帮助，却不知道自己的快乐与幸福需要自己去追求。

某周刊的记者外出采访，途中遇见一位女子，见她面容憔悴，想问其原因，慢慢地两人坐着交谈起来了。女子无穷尽地向记者抱怨着生活的不公，刚开始记者还不以为然，但很快就陷入她洪水般的哀伤之中。

她说："从刚开始，我就知道自己这辈子不会有好运气的。"

"你是如何得知的呢？"记者问。

"我小时候，一个道士指着我说过：'这个小姑娘面相不好，一辈子没好运的。'我牢牢地记住了这句话。当我找男朋友的时候，一个很出色的小伙子爱上了我。我想，我会有这么好的运气吗？没有的。我就匆匆忙忙地嫁了一个酒鬼，他长得很丑。我以为，一个长相丑陋的人应该会多一些爱心，应该会对我好，但霉运却从此开始了。"

记者问："你为什么不相信自己会有好运气呢？"

她固执地说："那个道士说过的……"

记者说："或许，不是厄运在追逐你，而是你自己在制造它。当幸福向你伸出双手的时候，你却把自己的手掌藏在背后了，你不敢和幸福击掌。但是，厄运向你一眨眼，你就迫不及待地迎了上去。看来，不是道士预言了你，而是你的不自信引发了灾难。"

她看着自己的手，迟疑地说："我曾经有过幸福的机会吗？"

记者最后无言应对了。

很多时候往往就是这样，有些人残酷地拒绝了幸福，还在

//

愤愤地抱怨着，认为祥云从未眷顾过他的天空。其实幸福与不幸很多时候都是自己造成的，不是上天或他人的愚弄。文中的女人的不幸，其实最应该责备的就是她自己，是她放弃了幸福的机会。

在世界上，没有一个人生来就注定要享受幸福的，也没有一个人天生就没有丝毫幸福和快乐的。幸福还是不幸，这并不是绝对存在的。有时候幸福就在你的面前，只是你将它忽视了。总之，幸福是要靠自己去寻找的，而那些坐等幸福的人则永远也不会得到幸福的眷顾。

每个人都有主动追求幸福的权利，不应该被动地看着幸福随意来去，在许多时候，幸福是可以把握的。关键在于，你是否能够在恰当的时机果断地伸出你的双手握住它。不要说什么"命中有时终须有，命中无时莫强求"，生命中的许多幸福你不去争取，是不可能从天而降的。如果你仅是一副与世无争的心态，即便幸福摆在你的面前，你又能如何呢？

有得必有失，
这是人生的普遍规律

　　洒脱是一种人生态度，是对生活的透彻理解，是对人生的深刻体验。人生如戏，每个人都是演员，都扮演着自己不同的角色。戏演得好坏，有时全在于演员是否自然，是否放松。倘若你总是紧绷着一根弦，动作就会生硬，戏也迟早会被演砸。洒脱，是你在出演人生这场大戏中的镇静剂，它让你甩开负面情绪的包袱，轻装前行。洒脱的人是快乐的，因为他懂得如何转化消极情绪，令自己快乐并带给他人快乐。

　　我们为了生活，每天忙忙碌碌，尽管忙碌能令人充实而愉快，但如果我们不懂得洒脱，就是在给自己的心灵增加负担。让心灵终日被劳役，终有一天心灵会疲惫。要想能多承担一些世俗的担子，必须学会洒脱，洒脱能让人在痛苦中获得一种平静，在苦涩中品味出一丝甜蜜。

一个女人在年轻的时候，爱上了同行的一名男子，当时她的外貌并不出众，而且还有龅牙，而那名男子却是当红的主持人。没有人看好他们的恋情，但她没有因为大家的看法而改变，还在节目中高调公布："是我主动出击，倒追他的。"她越想霸占他的全部感情，他就越精明地闪躲和沉默。

男人可以接受女人的爱情，却不愿因手边的爱情而赔上他一生的自由。就在她在国外旅游时，他打来电话说："这几天我想了很久，觉得我们还是分开比较好。"她鼓起勇气问："是因为她吗？"他默认。听完电话的她站在人来人往的街头，大哭了起来。

回国后的她夜夜在舞厅狂跳与大哭来发泄，宁肯自己承受宿醉的痛苦，也不愿让负心人看见自己的伤。她知道，他们分手不是因为她不够漂亮，也不是因为她不够红，只是因为他变了心。她深知就算自己比那个女孩优秀，他也不会回头，因此她说："失恋真的很痛苦，但是我不希望变成纠缠人的讨厌鬼。"

好友和男友的共同背叛没有击垮她，反而让她有了一次华丽转身的机会。她摘下了牙套，开始学美容，减肥，将对爱情的那份热忱投到工作中，并拿到了金钟奖"最佳主持人"，成绩远远超过了过去的他。

女人有了华彩，自然不愁没人爱，之后，她与一名美籍华人迅速陷入热恋。甜蜜的日子似乎过得特别快，一晃两年过去了，远在纽约的"未来公婆"满怀期待地等着她远嫁重洋，万事俱备，但作为东风的她却犹豫了。经历过一次爱情的伤害，她深知爱情善变的特性——爱情随时会变化。

"远距离恋爱本来就会冲淡恋情热度，我对爱情的态度是不强求的，也不想要有压力与争吵。两个相爱的人，不一定要永远在一起。"她果断地结束了与他的两年恋情，这一次的放手她甘心且平静。曾经的她由于爱上一个男人而宁愿放弃全世界，如今的她宁愿为了一份好事业放弃一个好男人。假如爱情迟迟看不见未来，倒不如退一步，促成彼此的海阔天空。

半年后的她终于找到了她的情感归宿、终身的幸福。无论事业、家庭，她都经营得有声有色。她已经是3个孩子的妈妈，她确实是一个洒脱的女人。

主动追求需要勇气，主动放弃何尝不需要勇气。每个人，都可能会遭遇一次爱情重创，有人因此萎靡不振，有人因此脱胎换骨。精明的人与其为一个错爱的人夜夜悲伤，倒不如潜心修炼，等待一段对的情缘，让旧爱知道：没有你，我活得更好；放弃我，是你的损失。

莎士比亚曾说过："聪明的人永远不会坐在那里为自己的损失而哀叹，他们会用情感去寻找办法来弥补自己的损失。"在日常生活中，我们难免会遭遇挫折与坎坷，若是一味地沉溺于过去，只会令自己陷入越来越消极的情绪中。

懂得在适当的时候放弃，是洒脱的关键所在。有得必有失，这是人生的普遍规律。死守住一块地方，寸步不让，看起来是坚韧，有时其实是不明智的选择。世界如此广阔，总有办法重新开始。失败抑或挫折，都只是暂时的，何不潇洒地挥一挥衣袖，一笑置之？

第三章

及时行动，
没有什么来不及

你的时间都去哪儿了

懦夫未死之前，已经死过了很多次。

朋友圈总有人传递负能量，他们对未来很迷茫，生活好像一直是暗无天日的：老板很腹黑，同事尖酸刻薄。总之，他们总与周围环境格格不入。如果你建议他们换个环境，他们还总有理由反驳你，好像真该需要帮助的人是你一样。

其实，真实的理由只有一个，他们内心渴望改变，可又害怕失去现在已经拥有的安稳。

上大学时，我们话剧团排练《哈姆雷特》，里面有一句经典独白："生存还是毁灭，这是一个值得考虑的问题。"每当看到哈姆雷特愁眉紧锁地说出这句台词时，我都禁不住替他着急。杀父之仇不共戴天，何来迟疑？有这犹豫不决的工夫，早就报完大仇了。

莎士比亚说过，重重的顾虑把我们变成懦夫，懦夫未死之前，已经死过了很多次。

　　想做的事不敢去做，安于现状却又心有不甘，于是，我们就在犹豫不决中，白白地浪费了好时光。

　　我有一个朋友，我习惯叫她美珠姐。她是朝鲜族人，是一个从草根变成精英的金融高管。

　　八年前，她还是吉林延边农业银行的一个普通柜员，而今，她却在上海金融圈里混得风生水起。这样的巨变，连她自己都没曾想到。

　　我们相识在一个论坛上。那时候，我正读大学，她正准备从银行辞职，而她的打算着实让我震惊。一个风华正茂的女人，工作稳定而体面，有一个顾家的律师丈夫和一个成绩优秀、多才多艺的儿子，这些都是我梦寐以求的将来啊，可她却要辞职去上海闯荡。涉世不深的我实在理解不了她的动机。

　　她浅笑着对我说："我不甘心就这样一辈子了，我觉得自己还能做一些事。"

　　"你瞎折腾什么？是嫌日子过得太安逸了吗？"我脱口而出。她没向我解释，也没有反驳，我以为她不过是一时说说罢了。

　　谁知不久后，她的IP地址竟然变成了上海浦东区。

　　"对，瞎折腾。这是当时别人对我评价最多的词。"她自嘲般地笑着说，"还有人有各种揣测，比如上海别恋之类的牵强附会不在少数，当时，我先生承受的压力更大些。"

她边说边抚摩无名指上的戒指，款式早已过时了，与她今时的身份更是不相称，但却见证了她二十年稳定的婚姻。

当年，美珠姐力排众议，独自乘上了去往上海的列车，手里没有一份Offer（录用通知），用现在的话来说就是裸辞。

初到魔都的她，挤在阁子间里，夜夜听着隔壁小孩闹夜觉，从此落下了神经衰弱的毛病。创业期的艰难不言而喻。但她没有退缩，一年后，她站稳了脚跟，老公和孩子也来了上海。又过了两年，他们在上海买房置业，美珠姐也进入一家著名的金融机构，并担任要职。

我曾经问她，有没有想过失败了会怎样。她还是一如既往地浅笑着说，梦想被搁置了很多年，已经没时间再考虑失败的可能，这世上最浪费不起的就是时间……

刚参加工作不久，美珠姐曾到上海出差，当她看到锦江饭店、东方明珠、百乐门和上海美术馆的时候，心像被蜂蜇了一样疼。这里有她想要的生活，可她却无法触碰，因为她只是个异乡人！

出差回来后，上海的一切对她来说都变得异常敏感，一想到那里，她就辗转反侧。"你就是从那时起打算进军上海的？"我问。

"是啊，上海曾是我遥不可及的梦，可真走向它时，并不遥远。"再遥不可及的梦，在你走向它时，便不再遥远了吧？她依旧笑，可我知道，她的笑容中隐藏了多少艰辛，但这和梦想比起来，什么都不算。

"那你为什么没有早点儿去上海呢？为什么等到那个年龄才去？"我好奇地问道，"美珠姐那么果断的人，难道也会顾虑重重？"

她跟我说，年轻时做出任何抉择都是困难的，心总是飞得很高，而脚步却总在拖延。

那时候发生了一件事，让她的行期一再被推迟——她怀孕了。

对于她和丈夫来说，孕育新生命是一件天大的事。初为人母的美珠姐，只好暂时将上海之梦束之高阁。

她想，等生下宝宝再说吧！等孩子上了幼儿园再说吧，等孩子上完小学再说吧……时间一年一年地流逝，有一天，儿子拿着团员证回家，她恍然发觉孩子都十三岁了。

她的梦竟沉入海底那么多年！那一夜，她失眠了，当晚就决定了一定要离开延边……她饮一口陶杯里的正山小种，对我说："你想做什么事就尽快去做，晚了可能就来不及了。我们总以为有无数个明天可供犹豫和思忖，可事实上生命中的每一分钟都容不得迟疑。"

2014年春晚，火了一首歌《时间都去哪儿了》，歌词里有一句"时间都去哪儿了，还没好好感受年轻就老了"听得让人心惊。

时间之所以流逝得那样快，是因为在慌乱的青春里，我们总是做着背离初心的事。

我们总是容易把此刻该做的事留给下一秒，推迟，再推迟；等等，再等等吧，直到一切都来不及……人的一生中，究竟会有多少次的来不及？那些来不及的爱，那些来不及的梦，终将在茫茫雾霭中遁入虚无。

别把等待，等成最后的来不及。

梦想无处安放，
是因为你把它丢了

走到最后的不一定是最强的人，但一定是坚持到底的人。

青春岁月里，我们都有一颗躁动的心，蠢蠢欲动，患得患失。玫瑰色的梦想总是无处安放。

小时候，我的梦想是要当一名人民教师，光荣地登上三尺讲台。而且，我还特别喜欢"登"这个词，器宇轩昂，听起来像一颗钢炮蹿上了天似的。

再长大一些，我想成为一个能改变他人、改变世界的人。这个想法源自一本读物，书里说三个犹太人改变了世界，一个是耶稣，一个是爱因斯坦，一个是马克思。于是我不知天高地厚地想成为第四个改变世界的人。后来我上了大学，开了眼界，长了见识，我恨不得一有机会就滔滔不绝地给人讲自己的大学生活。比如军训教官说话声音土，教授穿反了衣服，我的奇葩

//

室友从来不洗澡，彪悍女表白倒追男人，等等。

洪淼听完这些问道："这就是大学？这些和你的梦想有什么关系呢？"这话问得我哑口无言。我寒窗苦读时的纯粹的梦想去哪儿了呢？

难道上大学就是为了知道这些鸡零狗碎？她问得我羞愧了起来。

洪淼是我的发小，高二那年暑假，她出门旅游，路上出了车祸，同行的人都遇难了，只有她还活着。她被大车压在山坡下，一天一夜后才终于获救，但大腿的粉碎性骨折让她落下了残疾。

她妈妈哭得死去活来，她自己却没有流泪，而且，她很奇怪母亲为什么这么难过。她本是母亲从电影院门口抱回来的弃婴，天生带着牙齿，周围人都觉得不祥，只有母亲喜欢这大眼睛的女婴，不顾周围人反对，执意地收养了她。

洪淼很早就知道自己的身世，她和母亲说："能在大冬天把我丢在街上的人，我是不会去找他们的。"

一辈子没生育过的母亲对洪淼很好。她住院期间，我隔三岔五去探望，每次，她母亲不是在给她按摩腿就是在给她读小说解闷，她母亲笑着说："洪淼眼睛疼，不能一直看书。"我帮她抄了不少笔记，怕她落下功课。"不必抄了，耽误你学习，我不想读书了，累。"她笑着说，这笑容苍白得令人心疼。

我上大一那年冬天，下第一场雪的时候，洪淼下楼去看雪时突然摔倒了，碰坏了腿里面的钢钉，不得不做了第二次手术。

我放寒假去看她，给她讲我的大学，她脸上的笑容依然苍白，好像从雪地里钻出的嫩芽。

"人的梦想都能实现吗？"

我使劲儿地点点头。

洪淼重重地叹了一口气，捶着腿，苦笑道："我只有一个小小的梦想，腿快点儿好起来，不要截肢……"

因为长期卧病在床，她两条腿的肌肉萎缩得厉害。她看到我带着同情的眼神，故作轻松地说："其实，我也有很大的梦想，我想办一个学校，专门教小孩子画梦想，要多绚烂有多绚烂。"

"这么喜欢小孩，你自己赶快结婚生几个……"我脱口而出，马上后悔不迭。

也许，她永远都不能再走路了，有哪个男人心甘情愿地一辈子做她的"拐杖"呢？

"哈，我会的！"她装作很开心地说。

我再次去看她时，她已经坐上了轮椅，腿终究没有保住。我尽量不让自己的视线下移，以免看见她空荡荡的裤管。

洪淼笑着说："老天爷知道我坐不住，怕我不成事，就拿走

//

了我的腿，这样我离梦想又近了一步！"

我哭了，因羞愧而落泪。那时，我正沉溺于一段感情中难以自拔，梦想早已抛诸脑后。我每天因对方的情感波动而喜怒无常，过得浑浑噩噩。上课时睡觉，下课后在街上晃荡，有一种生不如死的痛苦。路旁一盏盏昏黄不明的街灯，仿佛每一盏都在说："忍住，等待，一切都会好起来。"我反复咀嚼与回味这段感情，也一天天消耗着生命的能量。

不久后，洪淼就开办了自己的少儿美术培训学校。可我还困在感情的藤蔓里举步维艰。我不止一次地想：上辈子我一定是个狠心女子，负了太多人，所以这一世才要尝尽感情的苦。我在波澜中沉浮，醒来时才发现自己竟然一无所有。

洪淼打电话给我："亲爱的，我的学生在绘画比赛中获奖了，学生说最想感谢的人是我，我很开心……你怎样？最近为什么听不到你说梦想了？"

"我说过我有梦想吗？"

"你说你想改变世界，改变他人！"

"我说过这么没有自知之明的话吗？"

"怎么这样说自己呢？我不爱听。"

"唉……"我叹口气，"梦想就像故事书里的神仙，都是虚构的，所以我没有梦想。"

"有的，只是你把梦想弄丢了……"洪淼说，"你先改变自己吧，说不定梦想就回来了。"

我把梦想丢了，丢在哪儿了呢？我以为把它放在了一个很安全的地方，要到一个特别的日子再去开启，谁知我竟然是把它弄丢了。

从此，我不再说"梦想无处安放"的话，我知道，其实我把梦想丢在半路上了。

最终实现梦想的都是对梦想念念不忘的人，所以，走到最后的不一定是最强的人，但一定是坚持到底的人。

看准机会，迎难而上

电话里，橘子抽抽搭搭地已经哭了半个小时。用她自己的话说，她过得很不好，正四面楚歌。

身为公司会计的橘子，主要的工作是负责公司的账务处理。同部门有位已经任职多年的出纳常常在老总面前诋毁她。

橘子哭着说："那位出纳太可恨了，他时常报假账以中饱私囊。我看出账单的猫腻，如果我指出来，他就揪住工作中的一些小事添油加醋，甚至无中生有，到老总那里告状，说我不配合大家的工作。如果不指出来，就是我没尽责。我真是左右为难。"

听着橘子在电话里的抽泣声，我无奈地问她："一年前，你们老总让你主管财务部门，你为什么拒绝？"

一年前的橘子可谓春风得意，因为做事认真，老总决定将财务部交给她主管。那时橘子就像被迷了心窍一般，用各种理

//

由连续三次拒绝了老总。

在这个过程中，老总的耐心与信任被磨光了，老总觉得她是一个没有责任感、不堪大任、不值得托付的人。而出纳和其他员工的告状，正好"印证"了他的看法，自然而然，事情就发展成了如今的样子……出纳认为橘子是挡在自己面前的绊脚石，公司同事认为橘子在工作中故意刁难大家，于是出纳一边向老总状告，一边又联合其他同事与她针锋相对。橘子在公司做事进退两难，结果自然是受尽委屈。

橘子在电话里哭得让人心疼："为什么大家都怪罪我，讨厌我，好像我做什么都是错的，我到底做错什么了？"

我答："你最大的错误就是不懂得审时度势，太不理智。"我告诉她："假若当初你答应了老总的好意，老总觉得你一切以工作为重，不怕辛苦，敢于担当，自然更加信任你。但凡老总相信你，日后你就算工作上稍有失误，他也会有足够的耐心等待你成长。"

我对橘子说，如今这糟糕的局面，都是她自己造成的。

橘子也意识到了自己当初的不理智，很后悔，但是这时老总已经不再信任她了。对于老总来说，想改变公司目前糟糕的状况，只能把大家反对声最高的橘子替换掉。不久，新的财务主管上台，橘子也就这么被打入了"冷宫"。

有些机会，没有下一次，我们一旦错过了，就真的错过了。

假如我们不想像橘子一样，就要好好正视一切摆在我们面前的机会，如果是自己能胜任的，便好好抓住。不要因为自己一时的不理智，而造成一个糟糕的结果。

很多时候，我们的成功都是被自己给断送的。

有一个姑娘叫紫阳，大学毕业不久的她只身去了北京。在北京，她进入了一家人才济济的公司。她刚入职的时候，恰好遇到公司要举办一个会展项目，公司需要选择一个人去负责会展的统筹与布置。

这个会展项目已经持续两三年了，每年举办一次，每一次都会由老员工去负责，每一次去负责的老员工都会抱怨这项工作是吃力不讨好，久而久之也就没人愿意去了。

刚进公司的紫阳误打误撞被安排去负责这次会展项目，经理看她资历尚浅，曾告诉她："假如不想做，或者觉得负责不了，就回来告诉我一声。"

令经理没想到的是，紫阳不仅没回来请辞，反而把这项工作做得有声有色。对于紫阳来说，年轻人少睡几个小时没关系，绞尽脑汁布置会场做统筹工作也没关系，年轻的优势就在于能奋斗。比起吃苦，她更怕把握不住这个机会，做得不好，令公司失望。

　　会展活动如期举行，紫阳的努力付出得到了回报，这一届的会展受到了广泛好评，紫阳就这么在公司站稳了脚跟，经理对她青睐有加。很快又有了一个更大的机会，集团的总经理要从基层选择一位小姑娘做助理。于是他们部门的经理推荐了她。

　　紫阳就这么一跃，进入了公司的上层部门。

　　我们会遇到很多机会，人生能不能改变，就看我们是否能牢牢把握住机会。倘若我们被负面情绪冲昏了头脑，做出一些不理智的决定，那么我们只能与它失之交臂。而如果我们看清局势，不怕吃苦，不怕累，能够扛得住这份重担，那么我们也势必因它而得福。

害怕失败
才会一拖再拖

拖延者的病因，是把个人感受看得太重，而忘记了重点在于事情本身。

心理学有个概念叫"影响的焦虑"，意思是说，当你面对一个比你强的前辈时，你内心就会充满惶恐，总想极力超越对方，因此会产生极大的焦虑感。

影响的焦虑在职场上同样存在。有时候，一个能力超强的上司，带给你的不是强大的推动力，而是可怕的自卑感。

有一个同事叫阿原，他工作勤勤恳恳，十分卖力，但内心却特别自卑。

一次，我们几个朋友聚餐时，阿原喝醉酒，才说出了真心话。他觉得不论文凭还是背景，不论才华还是长相，他都比不了别人，简直拉低了同行的整体水平。

张副总业务能力出类拔萃，在整个广告界颇有盛名，所以，阿原面对上司时，总是唯唯诺诺的，生怕自己哪里做得不好，惹怒了上司，丢掉了饭碗。为此，他白天上班，晚上自费去补习营销课程。

张副总经常用自己的业务案例给下属传授技巧。但这对于阿原来说，不仅没有起到激励的作用，反而感受到了无形的压力，怯懦压得他透不过气来。

有一次，他得罪了重要的客户，险些影响了公司的业务。关键时刻，张副总力挽狂澜，赔上人情和脸面，这才留住了对方。从那以后，阿原处处觉得上司对自己不满，憋着劲儿想开除自己，于是，整个人都舒展不开了，生怕自己哪里出错，惹出什么乱子。

后来，他认为上补习课也没有多大的价值；领导布置任务时他心里总是发出"我不行""我不能胜任"的声音。每当上司让他承担一些工作的时候，他就以各种理由来推脱，"我最近家里事比较多""我父亲身体不太好，我需要多照顾"……

终于，张副总不得不承认，他似乎难堪大任。

"你为什么不试试？"

"万一我再搞砸了呢？"

"不试试你怎么知道结局一定不好？"我说，"阿原，你原

//

来挺上进的啊！"

"别提了，我的性格不擅长和别人打交道，很难拉到客户……业务员的工作不适合我。"

阿原越来越习惯于在退缩中寻找自我安慰："这个人太不讲理了……他根本不想做生意……他有意针对我，所以我也没办法！"

每次有紧急情况，需要向张副总报备时，他又总是迟疑不决："他今天看上去眉头紧锁，不适合听坏消息，我还是不要说了……如果我说了，会不会殃及池鱼，连累我被骂？"

正是因为一些不必要的顾虑产生的严重拖延症，影响了阿原个人的命运。

有一次，一个客户需要答复合同中的相关问题，阿原解答不了，他想问张副总，却又怕被骂，时间也就这样一天天地耽误了。

他明明知道，浪费时间是做生意的大忌；他也知道，客户分分钟就可能被对手抢走，可他就是不敢去面对张副总。他在心里策划了很多和张副总的谈话方案，甚至琢磨到每一个措辞。等到他终于鼓起勇气向张副总请教时，客户早被别人抢走了，直接造成了几十万的损失。张副总大发雷霆，当场开除了阿原。

内心过于敏感的人，稍有不如意就会痛苦至极。因为害怕失败，而将重要的事一拖再拖，这恐怕是很多拖延者的根本病因。把个人感受看得太重，忘记了重点在于事情本身。所有的顾虑，都源自对自我太过于关注，放大后果的严重性。

有一位姓牛的大学老师，在下海潮最流行的那几年也想去创业。当时，凡是教职工的创业项目，学校方面都支持，提供多项便利的条件。牛老师有两位同事准备办民办大学，于是拉他入伙。他听得心潮澎湃，但总觉得风险太大。"万一创业失败，还失去了这份体面的工作，这个代价值得吗？"妻子得知后也坚决反对地说。思虑再三，牛老师最终放弃了这一打算。

几年后，同事办的私立大学很成功，某些专业的就业率甚至超过了公立大学。在激烈的市场竞争中表现得非常出彩，他们俩都成了教育界的名人，而牛老师依然是个默默无闻的大学教授，过着平淡庸常的生活，学术上并无太大建树，生活也没有太大起色。

不会游泳的人站在泳池边会浑身发抖，没有玩过极限运动的人站在高山之巅会魂飞魄散。恐惧和怯懦是人的本能，而治疗这种怯懦的唯一办法就是行动。别再犹豫不决，别再揣度未知的困难，下水方知深浅。

自我价值感薄弱是一道最难突破的自我屏障，只有突破这道屏障，我们才能走出漩涡，走向自己期待的人生。

追逐本身
就是一种收获

鱼就注定要在水中待一辈子吗？为什么鱼不可以拥有飞鸟的梦想？

"算了吧"，这三个字多么熟悉。小时候，当我们不能完成复杂的拼图，无法背诵拗口的文言文，算不出拐弯抹角的数学题，踮起脚尖、伸长胳膊还是够不到柜子顶上的糖果盒的时候，我们就会十分沮丧，很可能就此放弃，不再努力。看来，"算了吧"，这三个字，对我们的人生有着不可忽视的杀伤力。算了吧，何必跟自己较劲？人生是一场目的未知的旅行，方式各有不同，何必纠结呢？算了吧。

我有一个大学同学叫褚天，和我一样，学中文，但现在是个相声演员。

去年同学聚会，他郑重其事地递上自己的名片，我看到

"相声演员"这四个字时，顿感惊愕，嘴巴半天没合上。推杯换盏，酒至半酣时，褚天兴奋地站起来给大家说单口相声，他的幽默和现场把控能力令人吃惊。这还是当初那个看见女孩子就满脸通红、手足无措的男生吗？褚天比我们都小，他是个早慧的孩子，曾经连跳三级考上大学，同学都是哥哥姐姐。在那个不时代，他恋爱无望，只能寄情于学习，最后，他变成了尖子生。大学毕业时，褚天取得了保送研究生的资格，但专业他不喜欢，几乎同时，他也拿到了南方一家知名报社的面试通知。为此他非常苦恼，见着一个人便碎碎念："你说，我是去读研究生还是去上班啊？"一见对方铁青着脸，便悻悻而去。

对其他人马上要陷入的"毕业即失业"的困境，褚天理解不了。后来，出乎所有人意料，褚天选择了出版公司。毕业后杳无音讯，谁也不承想他竟然转行，去做了相声演员。

褚天说："我入职不久，那家公司就倒了，快得令人难以置信……我失业了，为了活下去，我一边找工作一边打各种零工：收银员、快递员、保洁员、家教老师……有一次我路过一家会所，看到了演出广告，著名相声演员刘某来了。我一直在收音机里听他的相声，但无缘得见，那天我就像中了邪，掏出身上仅有的80块钱，买了一张最便宜的票。谁知，一听相声误终生。"说着，他笑了。"后来你就学相声了吗？"我好奇地问，

//

"但你没什么基础，入行很困难吧。"

他说："当然，非常难，我只是爱听相声，至于怎么说完全是外行……我凭着自己的中文功底，写了很多段子，说是相声，其实更像是脱口秀。后来，我选择拜师，从头学起。我靠着初生牛犊不怕虎的精神，慢慢攒了一点儿人气。"

"都说同行是冤家，你这么做，你的同行们怎么看？"

他自嘲般地笑道："一开始，他们当然是非常鄙视我的，因为我半路出家，什么功底都没有……他们经常在我面前卖弄曾经的辉煌……幸好这一切都过去了，幸好当时我没放弃。"

"你当时不怕吗？"

"怕，每次上台前两条腿发软，头晕晕的，总觉得自己会忘词，然后被观众轰下台……"

"真是太不容易了！"我不禁感慨，"如果是我，可能早就放弃了……我不擅长的领域，会心很虚，那种压力，我承受不来。""我也无数次想放弃，但是最后还是坚持下来了，真的舍不得。"

他喝了一口茶，嘴唇闪闪发光。

"你这样不走寻常路，家里人不反对吗？"我很关心他的心路历程。

"当然反对……他们对演艺工作不理解，更不喜欢我这种漂

//

泊的状态，一直认为我没有正当职业。有一次，爸爸喝醉后打电话给我，他当时哭了，说我从小学习就好却选择这么'低级'的工作，让他在亲戚朋友面前抬不起头来……我心里很难受。原本可以找个在他看来更体面的工作，拿稳定的薪水，过安稳的日子，可我不喜欢这样。我越来越迷恋舞台上的感觉，所有人都注视着你，被你吸引着，为你心动，为你疯狂。"

"你不觉得苦吗？"

"所以我一直报喜不报忧，我会和父母说自己挺好的，说自己驻场演出费不断地涨，其实……有两年我打车都舍不得，只打十块钱，然后剩下的路走着过去。"

"你是那种一条道走到黑的人，有毅力。"我说，"可能我还是想法太保守了，我总觉得不可思议，咱们同学中竟然会有演员。"

"你也不保守啊，听说你这些年也挺能折腾的嘛！"

我开怀大笑，他说得对我像一条不安分的鱼一样，总想飞到天空去看看。但是这有什么错呢？鱼就注定要在水中待一辈子吗？为什么不可以拥有飞鸟的梦呢？

为什么我们都会走向那条不被理解的路？没有世俗所愿的风光，没有太多的利益可图，只有艰辛，只有在希望与失望中的不断轮回。即使这样，我们仍然誓不回头。原因很简单，只有这样，我们才能感受到生命之花的永不枯萎。那是一条将信仰和理想融为一体的、能时刻激发我们深层次需求的道路，是我们的第二生命。

只有走自己选择的路，我们才会走得义无反顾。

追梦是对美好目标的向往，当你真正践行的时候，虔诚会带你走向更高、更远。追逐的本身就是一种收获，那些放弃的人，大多只是因为太过怯懦。

从这个意义上来说，每一条异想天开的鱼都值得尊重，他们才是真正把人生道理看通透的人。我们活着并不是为了一味地妥协，不然如何证明这就是我？只有坚决地抵制一切阻碍，坚信自己的选择，我们才能看到真实的自我。

有些时候，叛逆一些总是好的，不然如何挣脱强大的世俗引力？只是，从此以后，所有的欢笑悲忧，都只能自己承受。

能从世俗的压力中走出来的人，多是成全自己的人。

别因得失心太重而
忘记赶路

我们在成长的路上，经常遇到一个难题，就是如何看待得失。

得与失是辩证关系。"有得就有失"，这句话一直流传至今，古语有"失之东隅，收之桑榆"，外国箴言则有美国作家海明威说过的"只要不计较得失，人生还有什么无法克服"。可见，人生本就是不断得与失的过程，而我们也需要在自己的人生中学会选择得与失，学习面对大大小小的得与失。

夏梦雅最近一直在纠结要不要辞职。她在一家南方的报社做记者，这是一份让很多人都羡慕的工作，稳定、轻松，福利好，可她心中偏偏有一个开书店的梦想。夏梦雅一方面纠结于现实生活需求，另一方面又无法割舍自己心中的文艺情怀，生怕年纪再大一些就更没机会去实现梦想了。

//

　　为了这事，她已经辗转难眠好几宿了，始终无法做出决定。夏梦雅打开微信，向一位较为年长的姐姐烟雨咨询。烟雨听了夏梦雅的心事，给她讲了一个自己闺密的故事。

　　烟雨的闺密也曾经历过一段需要选择、分析得失的日子。烟雨的闺密自小便喜欢大海，一直梦想着能在海滨城市生活，大学毕业后便毫不犹豫地选择了孤身一人去一个海滨城市工作。可她那时只是刚毕业，没经验，也没人脉，要在一个陌生的城市里站稳脚跟谈何容易。

　　在工作方面，因为刚毕业没经验，她只能在一家小规模的私营口腔诊所当助理，辛苦不说，收入也十分微薄，常常需要家里支援。工作之余，周围充斥着的都是听不懂的地方话，这让原本就少了家人陪伴的她倍感孤单。

　　失落的她有次在与父亲通话中，提到了因为目前的境况想辞职的事。她的父亲是这样劝她的："人生必有得失，你若想日后能有所得，就必须先学会接受有所失。这个行业，没有资历便很难有成就，但换个角度想想，只要你愿意多历练几年，不在乎眼前得失，以后一切都会慢慢好起来的。"

　　烟雨说，后来她的闺密果然如她的父亲所说的那般，经过了多年磨炼，渐渐在当地口腔诊治领域小有名气，后来还开设了自己的口腔诊所，再也不是从前那个哭着向家里要钱的穷姑娘了。

//

听了烟雨闺密的故事，夏梦雅开始认真梳理自己的处境。她若是选择了辞职，可能会失去暂时的利益；可若是自己创业，就凭她之前在传统纸媒工作的经验与目前手上的资源积累，也不一定过得比现在差。更何况，一边是已经厌倦了的生活，而另一边却是自己一生的梦想。

万事万物本来就难以预料，我们当前所经历的一切也无法究其得失，有时得就是失，而失也有可能是得。福祸相依，我们又怎能知道当前所经历的一切是失还是得？

其实很多人的一生，不过是用自己手中拥有的，去换取自己没有的，然后再怀念曾经拥有的过程。过于在乎得失，往往得不偿失。

得与失，是一对永远的矛盾，我们失去了一些东西，在别的地方一定会得到另一些东西，因为上帝如果关闭了一扇门，一定会为你打开一扇窗。我们在选择的时候，不过是追求自己喜欢的，拒绝自己不喜欢的。

夏梦雅想明白了这些道理，果断辞了职，全身心地筹建起了她梦想的书店。也许在未来的路上，不是一帆风顺的，也许会有意想不到的困难，但你要想实现自己的梦想，你就必须失去目前你所拥有的。什么都想要，结果只能是什么也得不到。

　　人常说一个人成长了，成熟了，其实也就是他们明白了人生得失的真谛。我们也正因为懂得了人只要活着，就会有得有失，所以在未来的日子里，我们才不会因失去什么而崩溃，更不会因为得到了什么而欣喜若狂，以至于目中无人、狂妄自大。

　　只有看淡得失，我们才能更好地选择。若想做什么就勇敢地去做吧，与其一味担心失败，倒不如豁达一点儿、理性一些，说不定得失的命运之钥反而掌握在自己手中。

不要放任自己
沉沦于某一次失败

生活有时就像一条抛物线，跌到了最底点时，便转而以最昂扬的姿态前进，那些最难以忍受的苦难，最终会成为上天赐予我们的最大财富。

从小到大，我们每个人都经历过无数次比拼。在这一场场比赛中，我们品尝过胜利的喜悦，也体验过失败的痛苦。人生路上，有时候恰恰是因为输过，才获得了成功的转折点。

辉读大学的时候挺平凡的，大四时他与女朋友相约去考研。经历了漫长而紧张的复习后，在开考前他有些担忧地问女朋友："我不考了行吗？我感觉自己考不上，你考就行了。"

女朋友盯着临阵退缩的他，一言不发。他看着女朋友，有些心虚，于是只能坚持参加了考试。走出考场的时候，女朋友抽出了被他牵着的手，说："辉，我们分手吧。"

//

　　辉盯着女朋友，想努力看懂她脸上的表情，但直到女朋友转身离开，他都没能明白发生了什么。女朋友后来给他发了一条短信："你真没用，我和你在一起，我们俩都不会有好的未来。"这句话犹如晴天霹雳，后来无论他怎么努力挽回都没用，对方是铁了心要分手。

　　辉从此发了疯一样读书，一年后，辉考上了心仪的大学。

　　又过了几年，辉在一家跨国公司实习，并且获得了到英国的伦敦大学继续深造的机会。这时，辉的身上已经再也看不到当年颓废的影子。送别的那一天，他端起酒杯，说敬大家一杯，同宿舍的兄弟借着酒意问他："这些年你最恨谁又最感谢谁？"

　　辉声音有点儿嘶哑，有点儿含混："最恨她，也最感谢她。"如果没有她决绝地离开，他不会如此痛，甚至清醒。他说，这么多年过去了，他时常在梦里想起她的话。当年的他连进考场的勇气和自信都没有，是那么害怕面对失败的结果，可是有些事如果不去做，又怎么知道会不会成功？因为怕输，所以干脆不去尝试，这样的人以后怎么能给她好的生活？

　　不是每一次失败都会将我们置之死地，倘若我们不把它当作毁掉我们的利剑，而是将它作为我们成长的养分，好好地从中汲取经验教训，那么我们就不会愧对每一次的输。

　　不要放任自己沉沦于某一次失败，而要理智地去分析自己究竟为什么会输，然后再力争改变，努力完善自己，相信我们就不会一错再错。

在这世上，能令人变得强大的并非只有成功，还有失败。只要我们能够以正确的心态对待失败，不在失败时乱了心绪、丧失了理智，那么就还有重来的机会。

德威特·华莱士被誉为从失败与挫折中走出来的企业家。他是一位图书商人，青年时期受雇于圣保罗韦伯出版公司，在这家公司他负责做文字相关的工作。那时，这家公司有一本以农民为主要受众的杂志——《农民》。某天，德威特·华莱士心血来潮向杂志部提出了一些荒唐的建议，例如农民根本没时间看报纸，《农民》应该更换选题等，图书公司因此解雇了他。

被解雇后的德威特·华莱士经历了一段时间很长的低谷期，后来他在一个牧场的木棚中想到了一个点子：做一本没有广告，没有插图，内容全是其他杂志最精华的文摘的小册子。这一次他不再像之前那么鲁莽，深思熟虑后开始找投资人。在他持之以恒地努力下，这本名为《读者文摘》的杂志终于面世。

正因为经历过挫折，德威特·华莱士不再轻言放弃。第一年《读者文摘》订阅量不足，根本无法盈利，但到第二年秋季，《读者文摘》的发行量飙升到两万册以上。后来，在十九世纪中期的时候，他的杂志出现了超过一百万美元的亏损，如此巨大的困难也没有打倒德威特·华莱士。《读者文摘》在历经五十年的风雨之后，终于摆脱了困境，成了当之无愧的世界期刊之王。德威特·华莱士也因此成了这个时代的风云人物。

只有经历风雨，才能见到彩虹。输并不可怕，因为只有经历输，我们才有可能拥有更丰富的人生体验，也就拥有了更多赢的可能性。正因为输过，才能学会如何爱别人，如何爱自己，如何生活，如何工作，这大概就是年轻时多输几次的意义吧。

一个从未失败的人虽然更有勇往直前的勇气，但往往也会少了看透全局的前瞻性。就像辉一样，倘若没有经历过之前的挫败，也就不会有后来的蜕变。而德威特·华莱士假若没有输过，又怎能有后来的万事深思熟虑，直至步步为营，登上人生巅峰？

逃避困难，
不如迎难而上

我曾遇见过一位很顽强、很能扛事儿的男孩。

那一年他二十三岁，本该洋溢着朝气的脸上却布满伤痕，面目恐怖。因为工作需要，我要替他拍摄一段短片，但他自卑得不敢面对镜头，拍摄工作一度难以推进。他的母亲在屋外哭着对我说："他以前最喜欢拍照，但因为那场爆炸，大火烧伤了他身上的大部分皮肤，从此他再也不肯拍照了，整天躲在房间里不愿见人。"

最后，我们提出不拍摄他的面部，他才勉强同意继续接受采访。采访的过程中他说，出事前他已经签了一家建筑公司，本来等过了年就要去上海报到，但是没想到邻居闹自杀，他冲过去救人，结果邻居死了，他也被严重烧伤。那时，他的目光是阴暗的，神情落寞。问及日后想做什么，他沉思了好久，说

//

希望能接受修复治疗，再走一步算一步吧。问他是否想过要放弃生活，他坚定地说自己从没想过放弃。

只要活着，一切困难与挫折都不算可怕。他说他虽然失去了一种未来，但幸运的是他还活着，还有机会去创造另一种全新的未来。

节目拍摄完毕后，我与他互加了微信，偶尔会关注彼此的状态。让我感慨的是，在我们拍摄后没多久，他就真的进行了一次植皮手术，手术很成功。不知是他坚定地想要好好生活的信念战胜了病魔，还是他想要重新开始人生新旅途的愿望太过强烈，总之一切都很顺利。手术过后的他脸上虽依旧可以看出大火肆虐的痕迹，但他已经不再惧怕任何镜头了，朋友圈有时还会出现他带着微笑的自拍照。我看到了他眼中重新燃起的希望。

回到上海的大公司已经是不太可能了，他筹了一些钱，在家乡开了一家小店，从装修到开业，他亲力亲为。现在他已经能很乐观地与顾客聊天，也可以在顾客好奇、顾忌的眼光中坦然地与他们谈起自己的经历。渐渐地，因为他的容貌而害怕他的人越来越少，人们更多的是对他心存一份敬佩。

后来，我再与他聊天时，他说他曾以为自己的人生已经毁了，但后来才发现，原来只要自己不放弃，生命中的任何苦难都不足以打倒他。他还说，他觉得如今的生活很好，当初他若真的就此倒下，可能也没有现在自信乐观的他了。

我们在生活中难免会遇到各种各样的挑战，很多人遇到一丁点儿的问题就很绝望，觉得这个世界太不公平，他们仿佛无法接受这个世界的挑战。但其实令我们生活得不够好的根本原因根本不是别人的"伤害"，而是我们自己不够强大。

每个人都在经历着各种各样的成功与挫折，每个人的人生都会有起起落落，唯一不同的只有我们对待挫折的态度。有些人遭遇了风雨，跌倒了，就此倒地不起；有些人遭遇了风雨，起身后掸掸身上的泥土，重新出发。

与其在风雨中逃避，不如在雷电中舞蹈。即便我们被生命中的瓢泼大雨淋得浑身湿透，但这也是一种人生的恣意。很多时候与其逃避困难，不如迎难而上。

当我们面对困难时，是选择懦弱地逃避，还是选择理智地坚持，不同的选择将带给我们完全不一样的人生。

丘吉尔是英国著名的政治家，他有过一段很特别的经历，这段经历改变了他的人生。1899年，辞去军职的丘吉尔以一名战地记者的身份来到了南非，采访英布战争。但是在跟随军队进军的途中，他被后来成为南非总理的扬·史末资俘虏。

丘吉尔此时只是一名普通的战地记者，本应被释放，但偏偏丘吉尔又携带着武器，甚至还参与了战斗，布尔人因此拒绝释放丘吉尔。在战场上被俘虏并被拒绝释放，丘吉尔的内心十分绝望，但是他没因此而放弃，而是拼命地逃了出来，越狱成功的他在一位英国侨民的帮助下逃到了洛伦索的英国大使馆。

他的成功出逃不仅救了他的命，还让他在英国名声大噪，从此他开始了自己的政治生涯。后来，在这场劫难中生存下来的丘吉尔成功地通过竞选，成了英国首相，并且两度担任英国首相一职。

假如丘吉尔当初不力争改变现状，而是在牢里消磨意志，等待着死亡的判决，那么等着他的可能是丧命而不是成功。很多时候，我们正因为在电闪雷鸣中坚持了下来，才有机会欣赏到雨后天边那道最绚丽的彩虹。

世界上比我们更苦难、更不幸的人那么多，倘若我们在小小的失败与困难里跌倒了，那么我们也不配拥有一个很好的未来。不宠着自己的人往往有好运气，让我们勇敢地迎难而上吧，也许，只要我们在现实的狂风暴雨里迎难而上，就有可能看见不一样的风景。

将误会造成的伤害
减到最低

大千世界，纷繁人生，谁都有可能误会别人，也有可能被他人误会。但误会不是"好东西"，它喜欢作怪，喜欢给人留下遗憾，留下伤害。因此，我们要避免误会。

在误会刚发生时，我们总是会责备对方的不对。正因为这样，才会使误会越陷越深，发展到不可收拾的地步，不仅伤人更伤己。

俞利的男朋友做什么事情之前都会让她先去尝试，俞利因此非常不满，但在这个问题上一直拿他没辙。一次，两人计划去东南亚海岛旅行。他们坐着小艇在海上游玩，就在返航的途中，飓风将小艇摧毁了。幸亏俞利抓住了一块木板才保住了两人的性命。两人抱着木板在海上漂流，等待着救援人员。

俞利转向男友问道："你害怕吗？"

男友从怀中掏出一把精致的水果刀举在自己面前说道:"害怕,但是如果有鲨鱼来吃我们的话,我就用这把刀刺它。"

俞利只是苦笑着摇头,无奈与失落感也充斥心头。

正无助的时候,俞利看见前方正有一艘货轮向他们的方向驶来,仿佛看见了救命稻草,高兴地对男友说道:"我们有救了。"还沉浸在惊喜之中,却看见前方有鲨鱼往这个方向游来。又喜又悲的俞利没有放弃生存的希望,坚定地对男友说:"只要我们一起用力地游就会没事的。"话刚好说完,突然就被男友用力推进了海里,喝了一口海水的俞利目瞪口呆,看着正在接近自己的鲨鱼,再看看远去的男友的背影,感到非常绝望,同时也在心里将他骂了一百遍。意外的是,那些即将接近自己的鲨鱼并没有再向自己靠近,而是随着男友的身影远去。一会儿,俞利仿佛听见了从男友远去的方向传来了"我爱你"的声音。

俞利获救后,甲板上的人却神色凝重,仿佛在祈祷什么。她带着好奇走近被救上来的、已经伤痕累累的男友,一言不发。这时,走过来的船长说道:"小姐,他是我见过最勇敢的人,让我们为他祈祷!让他能够获得奇迹。"

俞利冷冷地说道:"不,他是个胆小鬼。"

"您怎么这样说呢?刚才我一直用望远镜观察你们,我清楚地看到他把你推开后割破了自己的手腕。鲨鱼对血腥味很敏感，如果他不这样做来争取时间，恐怕你永远不会出现在这艘船上。"

听完船长的话，俞利的眼泪情不自禁地流了下来，没有大哭大闹，只是沉默着一言不发，这一刻她才知道什么叫痛彻心扉，才知道原来这个被自己称为"胆小鬼"的男人是多么爱自己。

因为误会造成了俞利再也无法看见以前被自己视为"胆小鬼"的他，她或许永远会失去他，也无法向他道歉并告诉他："其实是我误会你了，你才是最勇敢的，是我一直最爱的'胆小鬼'。"

误会是不可避免的，但我们可以将误会造成的伤害减到最低。有误会的时候，不要一味地责备对方，要冷静地思考，控制自己的情绪，找出误会的关键，解开误会，这样才会拥有一个幸福的人生。好情绪会化解误会，让你快速走出误会的死角，淡然面对生活的一切。与其等待别人的改变，不如改变自己的期待。等待别人意味着冒险，而自我的改变则在缩小受伤的系数。如何走出误会的死角？

1.保持头脑清醒

大多数误会的发生往往都是由于头脑不够清醒，容易听信谗言，做出错误的行为。想要走出误会的死角，必须保持头脑清醒，冷静地思考事情的前因后果，找出关键所在，然后努力去寻求解决的方法。

2.不以小人之心，度君子之腹

有时问题、矛盾和误解的产生，往往是自己将他人想得太坏，再加上听见一些人别有用心的鼓动而做出了错误的选择。当涉及自己的利益时，请平和自己的心态，三思而后行，避免被一些别有用心的人利用，做出不利于双方的选择。

第四章

独立，
才能给你安全感

强者靠自己，弱者靠同情

面对糟糕的情况，很多人会通过抱怨来发泄心中的不满。一个人在抱怨的时候，也是他意志最薄弱、感情最脆弱的时候。不仅表现为全身疲惫，没了往日的警惕，还会令人愁眉苦脸、自怨自艾。抱怨此时就如小偷，它会偷走人们对生活的激情，偷走坚强的意志以及美丽。

强者靠自己，弱者靠同情，怨天尤人实在于事无补。抱怨命苦，把贫穷的原因一股脑儿推给了命运。是命运吗？殊不知，命运是掌握在自己手中的。所以，即便是埋怨，也该埋怨自己。

其实，真正偷去我们幸福的机会的人是我们自己。我们捂住了自己的眼睛，将身边唾手可得的幸福的机会白白地拱手让人。

"工资就这么点儿，我对得起这工资就行了，要我做那么多事凭什么啊？""我就一打工的，公司赚了那么多钱又不是我的，工作嘛，过得去就好。""你看人家多闲，工资还拿得比我们高，心里真不平衡"……许多人可能会觉得这些似曾相识的言辞好像刚刚还有人在自己的耳边讲过，听多了，甚至自己心中都有了一丝认同。殊不知，就是这样的抱怨，使我们逐渐丧失了工作的激情与动力，停滞了迈向优秀与杰出的步伐，最终归于平庸。尽管偶尔一些推心置腹的诉苦可以构筑出一点点办公室友情的假象，不过像祥林嫂般地唠叨不停也会让周围的同事苦不堪言。

　　文文和晶晶是大学时的同班同学，毕业后，文文进入了某大报社，职场不如意的晶晶每次看见文文在报上发表作品，就痛骂报社不识自己这匹千里马。几年后，原本不及晶晶的文文由于报社工作环境好，经常能接触最新的素材与作品，再加上自身不断努力学习，逐渐树立了独特的风格，也闯出了小天地；而晶晶因为长久地怨天尤人，作品的水准已经远远在文文之后了。

　　其实，大家都能明白晶晶在艰难困苦时的那种心态，一种生不逢时、壮志难酬的隐痛，但是要知道，一味地抱怨于事无补，只会使事情变得更糟。

　　或许有些人在经历多次的挫折、打击和失败之后，逐渐丧失了战斗力。激情没有了，梦想苟延残喘，剩下的就只有暗淡的眼神和悲伤的叹息。可是，他们又心有不甘，于是努力地为

//

自己找寻各种各样的借口：这个社会太不公平，如果给我机遇，我也能功名显达；他们能被赏识，我不能；他们都善于尔虞我诈，而我太善良……

抱怨来，抱怨去，不知不觉间鬓发就白了。有什么用呢，他们依然贫穷，依然是她们所认为的"怀才不遇"。就如上文中的晶晶一样，不知不觉让抱怨吞噬了自己快乐、成功的机会。

幸运从来只降临在快乐的人身上，而抱怨只会劫走人的幸运。想要做幸福和快乐的人，就赶紧扔掉抱怨吧！

学会放弃
不必要的牵绊

现在的一些青年男女，高喊着要寻找真正的爱情。可看看自己或身边人的爱情，真正一生在一起的能有几对？加上我们总是有千万种借口作为分手的理由：或距离遥远；或父母的反对；或最后发现性格不合，诸如此类。

我们择偶的条件也越来越现实，名利、金钱、地位等统统提上结婚章程。世界繁华了，而我们的爱情却茫然了。

安佳永远地走了，一个人。所有的亲人都悲痛欲绝，而她的父母和周永，悲痛之余，还悔恨万分。

安佳和周永是大学同学。新生入学那天，安佳一眼就喜欢上了对面那个憨态可掬的小伙子。他眉宇清秀，又透着洒脱大气。接下来的两年里，安佳所有的猜测都被小伙子的优秀表现一一印证。这个小伙子叫周永。他哪里都好，如果家庭条件不好算是缺点的话，那他就这一个缺点。

安佳知道爸妈一直希望自己毕业后找个各方面条件都比较好的，而且他们似乎对安佳的结婚对象进行了"内定"，她知道他们决不会答应自己找一个从农村出来的人做老公。安佳犹豫了好久，她不想错过这样一个自己那么喜欢的人。她鼓起勇气向他表白，而他，也喜欢安佳已久，只是觉得条件优秀的安佳就这么跟着他会受委屈。他暗自说：毕业了好好工作，混出个模样，娶安佳！

两个人很快坠入爱河，成为校园里人人羡慕的一对。

危机出在两人毕业之后。安佳经不住父母的软磨硬泡，跟那个"内定"见了面。"内定"也很优秀，家境好，出手大方，常常借故约安佳出去玩。每次跟"内定"约会，安佳都会想起周永，又常常会不由自主地拿两人作比较。她矛盾、犹豫，再加上家人轮番轰炸，她迷失了自己。

与"内定"结婚后，安佳才知道自己做了一件多么蠢的事情。她压根儿忘不掉周永。可怕的是这种感觉与日俱增。她忍不住偷偷去找周永，说只要他答应，她马上离婚。

周永对她说："以后我们互不认识。"

她请求周永原谅她，周永说："为什么？玷污我们爱情的是你。"

安佳独自品尝着背叛爱情所带来的苦果。老公知道她找周永后，对她又打又骂。

所有的梦都破灭了，安佳选择了自杀。

这是一个悲剧，一个人为的悲剧，是家人的错还是她自己的错呢？面对所有的羁绊，她不够坚强，也不够坚定。对待所爱就得专注，对待牵绊就得放弃。这是舍与得最基本的准则。

舍，是为了长远的、远大的目标或利益而放弃眼前的一点儿小利益。学会舍，就是学会拿得起，放得下。舍并不等于失去，而是为了更好地拥有。生活中会遇到许多不如意的事情，要想事事顺心，就要拿得起，放得下。不愉快的事就让它过去，绝不放在心上。学会了舍之道，不愉快的心情自然会消失，赢来的将是潇洒的人生与舒心的生活。

生命如舟，不可能负载太多的身外之物，否则就会沉没。因此，我们要学会放弃不必要的牵绊，不为身外之物所累。如何才能做到放弃牵绊，专注所爱？

1.学会放弃

陶渊明为了追求清净高洁，不与世俗同流合污而放弃了荣华富贵，最终成为流芳百世的隐士；释迦牟尼为了修身养性而放弃了王室贵族的身份与一切人情，最终成了万人敬仰的佛教创立者。有时候的放弃只是为了更好地拥有。

2.学会专注

只有专注在少数几件重要的事情，不去操心一大堆无关紧要的细节，我们才能找到幸福。只有少做一些，我们才能有更多的时间享受生活。只有坚持以少赚多，我们才能使人生圆满。

抓紧时间，活在当下

　　人的一生原本就是一个从过去走向未来的过程。每个人都会有过去、现在和未来。有的人喜欢回忆，说回忆比现在美丽；有的人更愿意把握现在，脚踏实地，说现在比较重要；也有的人则把希望寄托在未来，认为现在不急，等到未来再说。

　　有这样一幅画面：繁忙的街道，拥挤的车流，每个人的脸上都露出忙碌的表情。在这一派繁忙中，有一个人弯着腰，样子很失望，在街道上逆行，身上挂着："寻找昨天"的牌子。我们当中也有许多人就像这个弯腰的人一样，把精力耗费在昨天，老是想着过去犯过的错误和失去的机会，或空想未来，唏嘘不已。这两种心境不但极浪费时间，还会令你忽视所拥有的幸福。

　　佳倩今年35岁，单身。这些年她一直不敢触碰感情，总担心自己会受伤，更感觉自己年龄大了，经不起感情的折腾。其实她曾经有过一个长达六年的男朋友，但最终两人没有修成正果。"一朝被蛇咬,十年怕井绳",或许正因为这样,所以她一直不敢开始新的恋情。

在一次同学聚会上,佳倩碰见了很多年未见的同桌。她不但穿着时尚,整个人还给人一种极强的气场。她在聚会中谈笑风生,给大家发名片、畅谈她目前的业务和对未来的憧憬。佳倩看着眼前的同桌,简直不敢相信。在她的印象里,同桌总是一副柔弱的模样,可眼前的她却蜕变成一个干练、优雅的女人。佳倩感叹时间真是个神奇的东西,它能让人发生不可思议的变化。

同桌跟她说:"如果没有那一次离婚,可能我现在就变成了没有自信、每天只围着老公与孩子转的黄脸婆。但从那以后,我改变了,我觉得人不能活在过去,过去的那些不好回忆只会令自己作茧自缚。其实人要学会向前看,向前走,这样才会越来越幸福。所以你看,现在的我过得比以前是不是好了很多啊,其实你也可以的。"听完同桌讲的一番话,佳倩回家后静静地坐在床上思考了一会儿,终于想通了,决定重新开始寻找新的恋情。

佳倩是个聪明的女人,即便之前她浪费了一段宝贵的时间,陷在过去,难以自拔,但她终究还是明白了人要活在当下的真谛。

其实拥有未来幸福的最好办法就是尽可能地享受今天的幸福。昨天虽然充满回忆,但已经过去;明天虽然充满希望,却尚未到来；唯有今天才是最现实的。

别再以"还没有准备好"为理由，而错过了许多时机。我们总认为不论做什么事，都该等自己准备充分，才能有所行动。但是人生与盖房子是不一样的，盖房子只要把工资资金、材料、地皮、建筑法令等要素安排妥当，房子就可以按部就班地盖起来。人生不同的是，每一分、每一秒都在改变，有太多的未知数，即使准备得很周详，仍有不尽如人意的时候，只有把握今天，才能随时调整自己，顺利地前行。我们总羡慕别人的能力比自己卓越，并不是他们的机会比我们多，而是他们能在每一个"今天"都抓紧时间，认真学习，因而能在每一个"今天"累积、聚集更大的智慧与耐力，即使遭遇困难也能够有所突破。

抓住今天！因为明天你用多少钱也买不回它了。我们更应该明白"活在当下"的深切含义。上学的时候，家长教育我们要做个听话的好孩子，而老师要求我们成为成绩优秀的好学生。长大后，我们慢慢地有了自己的观点，开始认真地思考人生时，却又因为正值青春、叛逆任性而容易迷失人生的方向。等到我们真正进入了社会，却又要经历工作、感情、人际交往的历练……然而，等到我们真正静下来的时候，才发现我们一直在追逐明天，不知不觉挥霍了今天。如果你也是这样，你该停下来思考了，幸福的人都是活在当下。过去已成为历史，而明天还是个未知数，唯有今天才在当下。

　　都说人擅长回忆，喜欢沉溺于过去。其实过去只是经验积累的过程，无论过去是快乐还是痛苦，都已经成为过去。不要再抱着回忆了，调整好情绪，迎接每天升起的太阳吧！生命短暂，青春有限，你没有太多的时间去等待，去追忆，去痛苦，把握现在，做好自己，你才会有更多的精力面对未来。

活出最真实的自己

美国著名科学心理学家基廷·凯丽说："女人一生的三大愿望是成功、幸福和阳光……但她们又面临各种压力之苦，很难采摘到属于自己的梦想之果，所以她们必须要面对真实的自我，勇敢地挑战生活的重压，这是所有女人一生中至关重要的课题。"基廷·凯丽一语道出了"真我"对一个女人有多重要。

其实有些女人并不漂亮，但仍然有很多男人拜倒在其石榴裙下。究竟是什么原因呢？其实很简单，因为这些男人喜欢的并不是她们的外表，而是她们的内在——敢于做自己！有记者曾问过名模萨沙："没有成名之前，你的偶像是谁？你最想成为谁？"萨沙十分自信地回道："我没有偶像，至少现在没有。我了解我自己，我就做我自己。"也正是因为她一直保持自己的本性，使她在快速更换的时尚界站稳了脚跟，成为模特界的女王。

高美毕业于上海的某所名校。因为成绩优异、能力突出，毕业后的她很快与一家外企签约，顺利地成为该公司的策划专员。刚毕业就迈进了白领大军，省去了东奔西跑求职的艰辛，令周围的同学羡慕不已。

然而谁也没有想到，高美在工作三年之后就毅然向公司提出了辞职。她选择和朋友一起创业，将手里仅有的20万存款全部用于投资，开了一家小型的广告公司。家人和朋友都强烈地反对高美的这种举动，而高美却坚持自己认准的路。

创业之初，高美白天找客户，晚上回家写文案，过得十分辛苦。很多人看见高美这副辛苦的样子，纷纷劝她放弃，认为这样既辛苦也挣不到钱，还不如踏实地在公司就职。面对他人的不信任与猜疑，高美总是一笑而过。

皇天不负苦心人，高美的一个广告创意给客户带来了巨大的收益。之后，公司的客户越来越多，她的名气也越来越大。仅仅三年的时间，高美的广告公司从原来的5个人扩展到30个人，而特立独行的高美也通过自己的不断努力，在上海买了房，结了婚，事业与爱情双丰收。

高美是个勇敢的女人，更是一个拥有独立思想的人。她一直坚持做自己认为对的事情，一心要成为自己渴望成为的人。在追求自我的过程中，即便高美没有成功，那种追求成功的充实感与快乐是无法抹去的。

//

  虽然长辈们总是告诫我们不要一意孤行，要懂得听取与尊重他人的意见，但也不要人云亦云，更不要因为他人的言行乱了自己的脚步。别人的方式与方法可以用来指导自己的行为，但不能让别人的意见主宰自己。

  想要有魅力，想要活得幸福就必须懂得坚持自我，按照自己的方式生活，保持自己的本色。这样才不会被他人的言语、行为所牵制。走自己的路，让别人去说吧。用自己的能力打造自己，用自己的行动感化他人，用自己矢志不渝的信念获取更多的幸福。

  就如素黑所说："没有命中注定的不幸，只有死不放手的执着。"所谓的命运是由自己主宰。如果你还陷在宿命论里面，请马上走出来，尝试自己努力，你很快会发现你也可以拥有自己想要的幸福。

别人不欠你什么

曾经有一位"90后"的"富二代"在网上发了个抱怨帖，在帖子中，他讲述了最近与他资助的贫困生之间的一些不愉快的经历。帖子的大意是这样的："我曾经资助过不少人上学，因为我认为对于很多人来说，读书是能够改变他们命运的唯一方式。我资助的一位学生，他近几天在选学校，他一直用短信和微信发消息给我，征求我的意见。但恰好我这两天有一项紧急的工作要处理，所以没能及时回复。当我稍有空闲，立即抽出时间回复了他，对方却说：'我原本以为你是真心帮我，结果你也只不过是随口说说，微信互删吧……'就这样，他把我拉黑了。"

令人哭笑不得的是，这位贫困生此前已经收到了他近万元的资助，拉黑他使用的手机正是他不久前赠送的。这位资助人后来在微博中感慨："真是世风日下，人心不古。"

他对此事进行了反思，接着发了一条微博，表示："刚才很生气，但是现在稍微冷静了些。回想起来，自己也做过类似的事情。自己的需求别人没有及时满足，或者别人答应的事情却突然做不到了，我也会特别愤怒地去指责别人，现在想想当时自己也太过分了。只要别人是真心想帮助我们，不管结果如何，我们都应该心怀感激。即使结果没有达到我们的期望值或别人没有实现当初的承诺，我们要多点儿理解，少些粗暴的指责，或许别人也尽了全力，只是他们也有自己的难处。"

恋爱中的双方，更容易把一方的好当成天经地义。有一个女孩叫小艾。周围的朋友都羡慕她命好，人长得漂亮，男朋友能干，还对她特别好。

如果她下班稍晚一点儿，或者天气不好，男朋友都会过去接她。虽然还只是初冬，可是突然来袭的寒流使气温骤降。小艾的男朋友打了电话给她，说过去接她。一下班他抓起自己搁在办公室的一件外套就直奔小艾的单位。可是等他匆匆赶到时，还是晚到了20分钟。小艾把男朋友对她的好完全抛到了脑后，只想到自己这20分钟是如何焦躁、无聊、难熬，心中充满怒火。

男朋友满怀歉疚地匆忙下车，还没站稳脚跟，那一句"亲爱的，久等了"还没来得及说出口，就被劈头盖脸一顿骂："要是没空就别来接我，我在这里等了你20分钟，现在的天气多冷你知不知道？"

　　她的男朋友原本满心怜爱和焦急，她的一番话，让他顿时愣在原地。为了早点儿接到她，为了不让她久等，他一路争分夺秒，无奈交通状况不好，眼看着要迟到，他心里十分着急。而小艾劈头盖脸的一番责骂，让他不禁有点儿恍惚：小艾见到我，为什么不问问我冷不冷，辛苦不辛苦，她真的爱我吗？但他仍然压下心里的伤心，用带来的外套裹住小艾，连声赔不是。小艾却冷着脸，不依不饶。

　　后来，类似的事情一再发生，一点点地耗尽了男孩对小艾的爱。

　　英国的约翰逊博士曾经说过："感恩是那些有教养的人才有的美德，你不要去指望从普通人的身上找到。"有的人往往是别人99件事满足了他的要求，可只要有一件事情没有如他的意，他就会忘记了那99件事，而唯独记得那不好的一件。遇到任何问题的时候，首先想到的是责怪别人，可能是我们最容易犯的错。

　　如果你是那位受资助的学生，不妨想想：别人不欠你什么，那个资助你的人也有他自己的生活。他不可能也不应当完全放弃他的生活和工作，你的信息他没有义务秒回，你的问题他也没义务立即为你解决。他的好心不应该是你要脾气的资本。对一个愿意为你付出的人，也应当给予他适当的理解和尊重。

//

工作中这种情况也不少见。A是我的同事，因为身体关系，他需要请三个星期的病假，单位便把由他负责的一项工作交由B代为处理。当A销假返岗后，B将工作整理好重新交给A，A却因此生出诸多不满，觉得B欺人太甚。

许多时候，我们模糊了别人的事和自己的事之间的界限，总是想依赖别人，当别人帮不到我们的时候甚至责备他人，把别人给我们提供的帮助、对我们的好当成理所当然。遇事的时候，往往容易问别人为什么，而很少思考自己凭什么。在这个世界上，每个人都是独立的个体，没有人有义务对我们好，也没有人有义务一直帮我们。对那些愿意帮助我们的人，我们要倍加珍惜、感激。一个拥有界限感，又懂得感恩的人，相信他的人生不会太差。

我们该让自己变得
强大起来

莉丝·默里成长于美国脏乱差的贫民窟，她是一个流浪女，从八岁开始乞讨，但后来却毕业于著名的哈佛大学，成为美国著名的演说家，也是美国人心目中的"奇迹女孩"。

1980年，莉丝·默里出生在一个嬉皮士家庭，她的家庭穷困潦倒，小的时候她和姐姐最爱的食物是冰块。她说："那个时候我们常常挨饿，我和姐姐只有吃冰块才有吃到食物的感觉。很饿的时候，我们还把一条牙膏分成两半当晚饭吃。"

莉丝·默里十五岁的时候，她的母亲死于艾滋病，父亲因为交不起房租而被赶出住所后，搬到了流浪者收容所，她的姐姐借住在朋友家的沙发上，她则流浪在纽约的大街小巷。莉丝·默里有的时候睡在运行的地铁里，有的时候蜷缩在公园里的长椅上，十六岁的她成了人们避而远之的又脏又臭的流浪女。

流浪的日子里，莉丝·默里一直记着母亲常说的一句话：
"总有一天，我们的生活会变得美好。"可她看着自己的模样却
慌张了，假如她一直这样，那么她想要的美好生活永远都不可
能到来。

"就像我以前对妈妈说的那样，我总觉得有一天我会搞定自
己的生活，我开始意识到我不能一辈子这样活着，我必须强大
起来，必须想办法拯救自己。"莉丝·默里认为自己如果想要改
变，那么最迟的时间就是现在。在莉丝·默里十七岁的时候，
她默默地给自己定下了一个目标，那就是当优等生，并且要求
自己在两年里读完高中课程。

她想办法进入了学校，后来通过自己的努力感动了一位老
师，这位老师帮她辅导功课，最后她决心报考哈佛大学。她听
说《纽约时报》会给优等生提供奖学金，她又拼尽全力拿下了
一等奖，并且以全优的成绩考进了哈佛大学。

莉丝·默里出生在一个贫穷的家庭，曾经靠吃牙膏缓解饥
饿，当过流浪女，可最后却凭着自己的努力进入了世界知名的大
学之一！她后来总结自己的人生就是"自己拯救自己"的过程。

当一个人内心足够强大了，那么什么困难都打不倒他，什
么流言蜚语都无法摧毁他，纵然身处绝境，他也无所畏惧。不就
是失败吗？战胜它就好了。不就是不够好吗？改掉坏毛病就好

了。不就是一无所有吗？那么就从今天开始替自己拼一个未来。

这就是强大的好处，就像莉丝·默里一样，若发现自己身处一个很糟糕的境况中，那就想办法去改变，为了自己心中的目标，甚至可以战胜一切恐惧。

莉丝·默里在她2003年毕业的时候，因为拥有强大的内心，美国著名主持人欧普拉·温弗里给她颁发了一个"无所畏惧"奖。她也作为励志人物的代表，见到了当时的美国总统克林顿和英国首相布莱尔。她还鼓励贫困儿童不要把生活的不如意当作自己堕落的借口，机遇从来就不是自己送上门的，而是靠自己去创造的。

莉丝·默里的经历其实也从另一个角度告诉我们，假如我们不学着自己强大，就没有人能帮助我们走出泥潭。与其想着"我不想过这样的生活""我不要我的人生变成这样""活着好痛苦"……还不如让自己变得更优秀，优秀到足以应对生活给我们制造的各种困难。

我们的人生始终掌握在自己手里，而过好它的秘诀始终就在我们身上，前提是我们必须拥有强大的内心。

莉丝·默里的故事后来被改编成电影《风雨哈佛路》。影片上映后，很快成为人们心中的经典励志电影。

财富和成就从来都不是天赐的，一个人想要强大就要先试

//

着改变。一个人的未来只有自己能改变，除了自己没人能帮助我们。

我们在生活中、工作上乃至家庭里常常会遇到麻烦，可是倘若我们不去想着解决麻烦，那么麻烦永远不会自己消失。同理，当一个人很脆弱的时候，或许会有许多人来安慰，可真正能让自己走出阴霾的却只有自己。

让自己变得强大一些吧。就像爱因斯坦说的那样："拥有百折不挠的信念的人，他们的意志力比那些无敌的物质力量具有更强大的威力。"从今天开始，我们该让自己变得强大起来，直至对这世上的困难都无所畏惧。

学会处理问题，
用理智战胜困难

　　云强是位设计师，曾经接过一个为国外某小镇做整体规划以及设计建筑风格的项目。他知道这个机会很难得，于是在项目招标的三个月前就开始做准备，那段时间他推掉了手头所有的活，只专注于这一项工作。

　　很快，他的设计初步成型：一个沿海的小镇规划成树的形状，从高处远眺可以看到整个小镇的道路就如树枝一样延伸开，而树的根部则与海连接，仿佛一棵种在海边的树。小镇的整体建筑风格被设计成了地中海风格，圆顶的白色建筑与蓝色建筑交错在一起，小镇中央建了一座教堂，效果图还做出了白鸽飞舞的效果。这是一个绝美的小镇。

　　三个月很快就过去了，项目开始招标。因为项目设计得很用心，所以云强很有信心。可一到招标现场，他发现这一个项目竟有许多大公司前来角逐，在参加竞标的上百家公司里，甚至有世界上最好的建筑设计公司。此外，一些知名的设计师也以个人身份参加了这次竞标，其中就有他很喜欢的设计师斯丹尼。而他所代表的仅仅是一个地区的建筑设计院。这一次他慌乱了，觉得三个月的努力会白费。

后来还没等到公布招标结果，他就心灰意冷地找主办方，要求退出比赛。云强觉得自己虽然很用心，但在这么多名家面前，肯定是没有一丝一毫的机会的，所以他觉得连坚持到公布结果都没必要。而他退出这个项目后领导并没有责备他，兴许大家都觉得肯定没机会。

五年后，当那个小镇的新闻再一次撞入云强的眼帘时，他顿时心里一紧。

小镇的建设规划与他设计的差不多，交错的道路像树枝一样延伸，采用了与他的设计相似的处理手法。报道中介绍当初中标的是一家美国公司，原本美国公司出示的设计图是一种中规中矩的规划，但是小镇的镇长看上了另一种设计规划，可惜那家公司退出了招标会，所以无权使用。于是他便要求美国这家公司最终的设计向那份设计稿倾斜，最终把小镇建成了如今的样子。

云强终于明白，是他当年的懦弱让他与成为国内一流建筑设计师擦肩而过。

许多人在做事的时候常常会设想许多情景，做出毫无根据的预判：要么是质疑自己的资历太浅，不敢争取；要么是觉得自己能力不足，不敢接受更大的挑战；或者认为自己肯定挨不过当前的挫折，还不如早早有自知之明地放弃。其实有的时候成功就在我们的面前，我们与它的距离只有0.01厘米。

当我们年轻的时候，我们应当有沉得住气的魄力、毅力以及远见。当我们看见谁升职了、谁结婚了、谁嫁了个好男人、谁娶了个好老婆我们就沉不住气了，就开始怀疑自己的人生，并且质疑自己如今的努力是否有意义。俗话说"有志者事竟成"，其实上天并不会亏待任何人，只要我们有所付出，那么就可能有所收获。

沉不住气往往是不自信的表现。很多时候，我们都太想证明自己，太想博得他人的关注和赞美，经不住任何的打击和失败。在事情没有发生之前，就把任何一点儿可能的不利放大，甚至用想象代替事实。

人生短暂，我们没有必要过于看重别人的看法、眼前的利益和结果，而要以放松的心态面对人生，放松不是不积极进取，而是更高的人生境界。很多时候，成功是努力的结果，功到自然成。就算暂时没有得到你想要的结果，但尽了全力，问心无

//

愧，也不会有太多的遗憾。心安才是最大的幸福。

沉住气是一种生活态度，也是一种生活方式，更是一个理性的人的生活智慧。

沉住气，不是让我们盲目地坚持，而是意味着人生中有些好的东西就是要靠我们的争取才能获得。有些机遇需要等待，有些成功需要我们去用心积累，急于求成的结果多是失败，或者失去一些本该属于我们的东西。

百度的创始人李彦宏说过一句话："坚持自己的选择，直到成功为止。"我们或许曾困顿迷茫过，也常常灰心，但没关系，当自己觉得无法坚持下去的时候就告诉自己，沉住气，"古之立大事者，不惟有超世之才，亦必有坚忍不拔之志"。

注重自身管理，
是一种生活策略

美国著名整形外科医生马克斯韦尔·莫尔兹博士在《人生的支柱》中说："任何人都是目标的追求者。一旦达到一个目标，第二天就必须为第二个目标动身起程了……人生就是要我们起跑、飞奔、修正方向。如同开车奔驰在公路上，偶尔在岔道上稍事休息，便又继续不断地在大道上疾跑。"

有一个小女孩名叫罗斯。有一天，老师让学生们把自己的梦想写出来。罗斯写的梦想是拥有一个属于自己的豪华农场，并且还画了一张农场的设计图。老师给她的答卷评了不及格，并批评罗斯是在做白日梦。老师认为，建农场需要一笔很大的开销，而罗斯年龄这么小，又是个女孩，既没钱又没家庭背景，怎么可能实现这个愿望呢？

罗斯却很认真，她把自己的梦想细细地描述出来，并且还

//

确定了每个不同阶段的目标，然后就朝着这个目标努力。多年后，罗斯终于有了一座属于自己的豪华农场。有意思的是，当年那位批评过她的老师还亲自带着学生来这里参观。这位老师对自己当年的做法惭愧极了。成功的路是由目标铺成的，为目标而努力就有可能实现梦想。选择目标的重要性无须赘言，关键是如何选择最佳目标、如何为目标而努力。

人生要有目标，把自己的目标写出来，再罗列自己的优点、所希望的成功类型、心理素质、健康状况、家庭及社会情况，将自己的目标与之一一对照，筛选出最适合自己的目标。即使你现在有工作，你也应该抽出时间到职业交流中心看看，进行行业咨询，收集相关信息，多和朋友联系，多了解社会资讯，以便找到并实现自己的最佳目标。

多留心一些经济信息，多关注社会，随时走在时代的前沿，自然会有宽广的视野。

如果你目前的工作并非你的兴趣所在，不利于你长远的发展，只会白白消耗精力，那你不妨多"充电"，提高自己的能力，转向通向自己梦想的目标而奋斗，而不能不负责任地得过且过。

有了目标，如果不懂得如何去为其努力，那再好的目标也是枉然。为着目标而努力，不是一味地埋头苦干。你还需要突破一些阻碍你成功的心理方面和现实方面的障碍，学得更活泛一些。

为了更接近你的目标，你得有一些业余爱好。别人会的，你也要会一点儿。

伊莲看起来永远都活力四射。20多岁的她已经是美国一所著名大学的博士生。全额奖学金让她的生活相当宽裕。一个能通过优异的考试成绩顺利攻读一所世界知名大学硕士、博士学位的女孩，在人们的心目中，可能是只知道学习，对周围一切都漠不关心的。伊莲却不是这样。在紧张的考试复习阶段她会从教室跑回宿舍看一场足球比赛；她学理科，却写出了一篇篇优美感人的散文；她喜欢跳舞、唱歌、摄影，喜欢各种好玩的游戏……

学习忙碌的她学会了开车，还学习烹饪、绘画、按摩……她学的东西这么多，一定很累吧？但每次见到她，她都是一副很快乐、精力很充沛的样子，让人十分佩服。

毫无疑问，伊莲是一个既会学习又会生活的人。可以说，她的学业这么出色，应该与她什么都要尝试的积极的生活态度有关。我们完全可以想象伊莲将来在事业、生活等各方面的出色。因为她具有一个成功人士的素质。

所以，女孩子一定要注重自身管理，这是一种生活的策略。

//

　　试想，一个工作努力又多才多艺，能在单位节日晚会上大显身手的人，和一个工作勤勤勉勉却没有什么爱好和特长的人，哪一个更容易引起大家的关注？

　　不要总是抱怨别人只看重外表，你也应该学习包装自己，让外表更能引起别人的重视。不要埋怨别人喜欢性格活泼、口才好的人，你也应该学会让自己活泼、能说会道一些。唱卡拉OK、跳交际舞、打高尔夫球、拉小提琴……别人会的，你也应该会一点儿，至少要有一样拿得出手。

　　本领多，别人会佩服你，说你有能力。而在职场中、生活中，别人对你的肯定将是你成功的重要条件。

　　本领多的人到处受人欢迎，他们和什么样的人打交道都不发怵，至少不至于冷场。这样的人更有机会接触各阶层的人，尤其是接触那些比自己成功的人。这样的人有一种不输给任何人的自信，有一种在任何环境中都游刃有余、迅速和大家打成一片的能力。

　　如果一有时间就坐在家里看电视，这当然比较舒适，也比较容易——顺流而下总是比逆流而上容易。但人生不应该在电视机前度过，你应该到外面去，多接触一些人，多做一些事。哪怕你只是拉着朋友一起去挑选衣服，做个发型、美美容，也比你盲目地在家里追剧好。

　　不要总是说一天紧张的工作之后身心疲惫，没时间学儿这学那儿，也没时间出去。时间就像海绵里的水，挤一挤总会有的。并且，也许你已经发现，那些要做很多事并且各方面都照顾得很好的人，看起来他们往往永远有用不完的时间。

　　不要总拿没时间做借口，为了不让人生处处碰壁，你必须逼着自己多学一些东西。学习的过程可以给你带来意想不到的成就感，会给你的生活带来活力。一定要让自己动起来，而不能让你的生活过早陷入沉闷和枯燥中。

　　也许你正在为没有机遇而焦虑。不要灰心，机遇属于有准备的人。只要你向着目标孜孜不倦地做准备，并抓住一切可利用的资源寻找机会，总有一天，机会会降临到你的身上。

　　具备了这些条件的人，比那些看起来什么都不会的人更容易获得成功的机会。精心管理自身、包装自己，更容易得到别人的认可。

学会化干戈为玉帛

俗话说，在家靠父母，在外靠朋友。良好的人际关系是每个人的一笔财富，然而我们每个人每天都要置身于很多人际关系中。如家人、同事、上司、朋友、恋人等，难免会发生一些磕磕碰碰。倘若懂得如何妥善处理，就可以化干戈为玉帛；倘若处理不好，就有可能酿成大错。

事实上，生活中的很多摩擦仅仅是因为一点儿小事，而到最后我们却把它弄得令双方僵持不下。其实这些无谓的摩擦都是我们自己太在乎争一时的长短，令自己的情绪失控，让矛盾激化，最后使自己十分被动。何不带着"大事化小，小事化了"的态度，控制自己愤怒的情绪，妥善处理事情呢？切忌带着当仁不让，一定要争强好胜的心理，这样就容易将"小摩擦"演变成"大问题"，甚至在矛盾被激化时，酿成大祸，最后损人又不利己。

　　叶秋每天都是骑着自己的"宝马"电动车上下班。骑过电动车或者自行车的人都知道，在人流高峰期的时候难免会与人磕磕碰碰。当每次与别人发生碰撞的时候，你心里肯定会很恼火，很想发泄一顿。但你知道不能这么做，否则事件就会升级为口角之争，甚至发生肢体冲突。

　　一天傍晚，叶秋正骑着自己心爱的"宝马"哼着歌，在路口准备右转的时候，前面突然开过来一辆拉风的摩托车，速度非常快。虽然两人都紧急刹车，但还是轻微地碰了一下。

　　骑摩托车的是个年轻的帅哥，见此情景没说话，叶秋越想越火大，心想：什么人啊，以为长得帅就可以为所欲为了吗？开这么快，撞到人了连一句道歉的话都不说。正当叶秋想开口埋怨的时候，见帅哥站起来看了看碰撞的位置，然后走过来，给她鞠了一躬，然后笑着说道："路这么宽，我们也能碰到一起，真是缘分啊，不过我们这样擦了一下，说明还真是缘分不浅啊，最起码也得回眸五百次以上吧。"对方的一句俏皮话，让原本怒气十足的叶秋一下子笑了起来。

　　这个回应让叶秋真的很意外，第一次听人说这样也叫缘分，亏他想得出来。尽管这样，叶秋还是很高兴，对他露出了笑容，火气立马消退得一干二净。

　　一句幽默的话，有时就能化解一场大矛盾。幽默的背后就是大度与宽容，就是退一步海阔天空的智慧。生活中，人与人之间难免会遇到一些小摩擦，这时你不妨尝试用一个沉稳的心态来对待，用一份宽容来化解，让人际关系变得更加融洽；反之，如果你大动肝火，那么小摩擦就会变成大矛盾，甚至无法收场。

一个人若懂得宽容他人，以诚相待，不被一时的愤怒情绪左右，多一分理解，那么就能削弱人际关系中的摩擦。退让不意味着懦弱，反而会令自己的视野更加开阔，令自己更加透彻地分析情况，从而做出正确的判断。在处理人际关系的摩擦时的"退让"，反而是一种智慧，是一种胸怀，是一种助自己赢得幸福的方式。

妥善处理与他人摩擦的方法有以下几种：

1.争强好胜分时机

每个人都要注意加强自己的道德修养，学会替对方着想、尊重对方。本着这样的处世原则，就能令自己遇事时保持冷静、谅解及宽容大度。

2.耐心倾听

当与他人产生摩擦的时候，请先耐心地倾听与观察，包括对方的眼睛、说话节奏，这样不仅能帮你了解对方，帮你给对方一个解释的机会，同时也给自己一个缓冲的时间平息愤怒，或许结果就会有所不同。

3.站在大局上考虑

当遇到矛盾时，要考虑到自己更长远的目标。要考虑若放纵自己胡闹的话，能否承受可能出现的结果。意识到这一点，你自然会采取恰当的方式解决问题，而不是与人争斗。

4.纠正认知上的误区

与人相处时遇到摩擦，不能我行我素，要学会放下身段去追求和解。想要妥善处理就得控制那些不理性的思维，比如武断、主观、贴标签等，才不至于使我们昏聩，令人丧失判断力与分析能力，从而造成不良的后果。

独立的人能够
管理好自己的情绪

再复杂的事儿，都是由一环套一环的简单步骤组成的。比如国宴上那道龙飞凤舞的头菜，需要厨师将食材选取、搭配清洗，再一刀一刀切削雕刻等步骤才能完成。大事所成的难度，往往不在于它需要多长时间、多少人工，关键在于如何处理好最不起眼的细节之处。事情总要靠人来做，成败系在人身上。

当负面情绪膨胀、思绪混乱的时候，即便很简单的小事都容易出错，就算身边有明白人提醒指点，心烦意乱的人又如何听得进逆耳忠言，有些情况下，不仅不听劝，甚至会把好心当作驴肝肺，逮谁对谁发作一番。

艾琳在银行工作已经有三个多月了，出身名牌大学财经系的她手握闪闪发光的各种证书，讲得一口流利英语，形象、气质俱佳，却与一同进入单位的其他同事被安排在柜台做个人存储业务。每天面对形形色色的人，真是"数钱数到手抽筋"，别说什么金融大单跨国交易了，柜台个人业务成天都是些小额存取款，交水电费的、开卡销户的，办小额理财的，跟她苦学四年的国际金融专业完全不沾边。这让她心中不忿，感觉简单得近乎体力劳动的工作内容让她受到了轻视和屈辱。特别是负责带她的领导周姐，更让艾琳心中憋气。周姐从一个名不见经传的学校毕业，年纪也不大，身材微胖，却每天对她挑三拣四、吆五喝六，指挥她做这做那，还支使她做些杂活儿，稍微犯点儿错误就会被她严厉地批评，诸如小心小心再小心，谨慎谨慎更谨慎，戒骄戒躁心态放平稳。艾琳心想，大道理谁不懂？你坐在我这位置上试试！烦都烦死了，怎么来存钱的，说了八百遍还是把单子填错！解释得口干舌燥还是听不懂，成天接触这些人让我怎么能冷静！可就是这看似理直气壮的不冷静，终于让艾琳吃到了大苦头。

那一天，艾琳又受了周姐的气——放着年轻力壮的男同事不支使，竟然叫她一起搬钱箱。半米见方的钱箱子装满了钱，要想搬动可不是轻而易举的事。再说，她早晨上班时都说了腰酸，身体不适，心想周姐是故意刁难还是怎么的，非跟自己过不去。艾琳一心认定，周姐就是看自己优秀又漂亮，心里嫉妒。好不容易干完苦力活，两人坐在窗口开始一天的工作，周姐照例坐在艾琳身后，按照银行的要求，作为带她的师傅看着她做业务，关键时给予指导。艾琳在周姐的"监视"下如坐针毡，加上上午几位客户态度都不善，使得她心里的怒火越烧越旺，终于在她又一次对客户不耐烦的时候，周姐出声提醒了。话说得并不重，只是让她注意工作态度，但在艾琳听来，这就是人身攻击，就是鸡蛋里挑骨头，她狠狠地敲击着键盘，手中的圆珠笔摔在桌子上"啪啪"响，点钱总是出错，越出错越烦。周姐见她这样，劝又不听，只好起身去找值班经理江报。就在周姐离开的几分钟里，艾琳闯祸了——她被气昏了头，竟然违反纪律，掏出手机给闺密打电话，一边数落周姐的不是，一边给客户做取款业务，等客户走出银行才发现鬼使神差地多点了两万元。值班经理跟着周姐来找艾琳的时候正看见她冲出银行，揪着那位取钱的客户高声争吵。此时的艾琳已经顾不上什么职业规范、什么理智、什么形象，一肚子的委屈都化作指责，发泄在了那位"缺德贪财"的客户头上，她像泼妇一样跟急于离去的客户厮打在一起……为平息事态，银行领导对客户再三赔礼道歉，两万元作为补偿金赠予客户，才暂时解决了这场风波。受到通报批评处罚的艾琳彻底泄了气，颜面扫地不说，两万元补偿款需要她来承担，还要写检查，在所有同事面前检讨错误。

　　事情到这里已经够麻烦了，却远远不是终结。一个月后，艾琳收到了法院的民事传票，那位与她厮打的客户因为被她扇耳光导致外伤性鼓膜穿孔，如果最后经法医鉴定为轻伤，艾琳不仅要赔偿对方经济损失，还有可能被追究刑事责任。艾琳被银行开除了，失去"金饭碗"的她将独自面对诉讼，她哪里会知道，就在出事的前一天，那个被她仇恨、诅咒的周姐已经向领导提交了报告，推荐条件优秀、能力强的艾琳前往总部参加国际金融人才培训，她梦寐以求的大好前途已然近在咫尺了……

回顾艾琳的故事，明明是简单的工作，以她的能力完全可以不费吹灰之力完成，她却带着坏情绪去做，透过恶意看人，把历练都理解为"刁难"，最终把一笔简单的业务搞成了灾难，害了自己。如果能够虚心接受前辈的指导，能够善意理解单位锻炼、培养新人的良苦用心，能放下骄傲自负和斤斤计较，迎接她的一定不是如此结果。

对于初入职场的年轻人来说，艾琳的经历并不陌生。接触新工作千头万绪，与新领导、新同事的协作尚待磨合，可能会觉得自己的工作技术含量不高。什么打印、复印、传真，布置会议室，采购办公用品，写格式化的报告，给领导端茶倒水，给前辈们打打下手，做得多了心中腻烦，总想"干大事"来证明自己的能力。结果反而越急躁越容易出错，越想"干大事"，越干不成事。

//

如何避免坏情绪侵扰，争取在事儿上不出差错？

1.有冲劲儿、有抱负、有积极进取的精神是好事，但要注意把握"度"。

2.做好每一件小事，细节上的出彩本身就能彰显个人能力，领导和同事都看在眼里，心里有数。

3.切勿太激进，要记得：心急不但吃不了热豆腐，反而会被烫了嘴。

第五章

最好的爱情，
就是势均力敌

并驾齐驱的爱情，
才能走得长远

随着年龄渐长，我们经常听到身边许多的女性发出这样的感叹：

"唉，谁谁谁又结婚了，嫁了个好男人。""谁谁谁的老公对她可好了，可惜就是穷。""我要嫁就嫁个又帅又多金的，一定要宠着我、疼爱我，不舍得让我吃苦，愿为我努力拼搏……"

每次听到这样的话语，我只能怅然一笑。

现在"80后"和"90后"的一部分，是最大的适婚群体。他们是从小就被父母宠爱的一代，如今他们长大了要成家立业，如果女人指望着男人在外打拼挣钱买房子、买车子，又希望他顺着你、宠着你，这些要求现实吗？姑娘们，你们所谓的男女平等这种时候到哪里去了？一个女人只有拥有"面包我自己挣，你只要给我爱情"的态度，才能撑得起自己想要的生活。当她遇到一段爱情，才可以爱得纯粹，爱得底气十足，绝不会因为钱爱上一个人，也不会因为钱离开一个人。

如果一个女人希望所有的压力都由男人来扛，他为你遮蔽了外边的风雨，或许你需要承受他给你的压力。俗话说："拿人手短，吃人嘴软。"你既然要他承担更多的责任，自然就别再指望他对你百依百顺。

曼曼有的姐姐嫁进了在深圳算是数一数二的豪门。从此以后，曼曼的姐姐就过起了豪门娇妻的生活，时常带着曼曼出入各大名牌店。最开始的时候姐姐刷卡买个几万元的包连眼都不眨，可到了后来，曼曼看姐姐逛街的时候常常都无精打采的，有时拿着喜欢的东西，看看又放下。

曼曼怂恿姐姐买，她摇了摇头就放下了。问及为什么，姐姐只是一脸苦涩不说话。其实花别人的钱哪有花自己的钱舒坦？

例如今天购物花了几万元，老公收到刷卡短信，回去后他淡淡地问一句："今天又购物了？"姐姐立马觉得矮了三分，马上解释："嗯，实在很喜欢。"

姐姐说："即使老公对我购物这件事根本不在意，但接下来的好几天自己还是会满心忐忑，生怕他有意无意地再提起这件事，活得战战兢兢，毫无底气可言。"

曼曼的姐姐才初入豪门，这种境况还算是好的。她的邻居阿露结婚后就一直在家相夫教子，过着锦衣玉食的生活。可是丈夫常常几个月都不回家，回家就跟住酒店差不多，完全不顾她的感受。当年的恩恩爱爱和要相互扶持一生的承诺，早已灰飞烟灭。

现在越来越多的姑娘希望用自己作为筹码，去改变今后的人生，她们希望另一半能给自己提供一个良好的经济条件。然而，这个世界是公平的。每个人都应当为自己的未来而奋斗，也应当为自己的家庭和生活而付出，哪怕很微小，但也好过奢望不劳而获却又总提不合理的要求。

为许多人所津津乐道的香港女星徐子淇，嫁给了香港富豪李家诚，可人们不知道的是，她毕业于英国伦敦大学，擅长五门外语，除了拥有出挑的外貌还有不可多得的智慧。但凡能够在婚姻中获得另一半尊重的人，他们本身就不会太差。

婚姻中的对等与尊重从来都是建立在双方自立自强之上的，或许有人会说："我认识的一些人就是嫁了一位好老公，既不用她们赚钱，也不用她们付出，每天拿着老公的钱花也都过得那么惬意、自在。"那么我想问，我们怎么知道她们没有付出？又岂知人家实际上过得怎么样呢？如鱼饮水，冷暖自知，幸与不幸其实也只有当事人知道。我们看到的往往只是表面，怎么能够仅凭我们所见到的表象便认定这一切？没有人会愿意把不幸

//

说给别人听，很多时候，我们的幸福只是我们不自知而已。

　　所以姑娘们，对方对你的尊重与迁就常常建立在他对你发自内心的欣赏之上。有时奢望做一个被男人豢养在金屋里的金丝雀，还不如努力让自己长出一双翅膀，在这云谲波诡的世界里自由翱翔。

　　理智一些吧，生活毕竟不是童话故事，更不是虚构的电视剧，我们想要的一切一直都在我们手中。爱情有保质期，生活也同样有限度，不切实际地希望别人许我们一个安逸的未来，还不如自己为自己打拼一个天下，两个人只有并驾齐驱，才能举案齐眉。

让爱像风筝一样
在天空中飞翔

《罗兰小语》中有这样一段话："如果你希望一个人爱你，最好的心理准备就是不要让自己变成非爱他不可。你要坚强独立，自信乐观。让自己成为自己的生活重心，有寄托，有目标，有光辉，有前途。总之，让自己有足够多的可以使自己快乐的源泉，然后再准备接受或不接受对方的爱。"多么经典的爱情理论，同时也告诉了女人要想真正地拥有一份甜美而长久的爱情，别拼命爱，请从容爱。

生活中的很多事物，你越是握紧，它越是挣脱；你越是在意，它越是远离。爱情亦如此。爱上他，对他而言是一种快乐，太爱他，对他则是一种负重。太爱他了，你终究会失去自我、失去他。女人一旦随着男人而转动，也就意味着可能会失去他。不少女人爱上某个男人后就会没有了自己的思想，没有了自己的喜怒哀乐，时时刻刻想把握他的一举一动，时时刻刻想和他厮守在一起，仿佛他成了自己的整个世界。但终有一天，你的爱会使他没有自由呼吸的空间，他会因为承受不住你爱的重担而悄然离去。

梦梦很爱她的男友君君，为了他，梦梦放弃了出国留学的机会，因为她担心距离会将他们分开。后来梦梦就找了一家公司上班，每天都要通过QQ第一时间向君君分享自己在公司的大小事；下班后，梦梦会先去君君的公司门口等着他，然后两个人一起吃晚饭。每天分别时，梦梦都是依依不舍。旁人都能看出梦梦对君君的爱，可是君君心里却有说不出的苦。

君君总是对朋友说："我们分开的时候，我确实非常地想念她。可在一起的时候，我却有点儿烦她。也不是我要求有多高，我只是渴望她不要缠我太紧，适当地给我一点儿属于自己的空间。周末我想去打打球，可梦梦总是拉着我去逛商场；下班后我想和兄弟们侃大山，出去喝点儿小酒，可她总是跟着我，一会儿不让我做这，一会儿又不让做那，真是烦死了！"

梦梦的好友知道君君的心理活动后，也暗示过梦梦需要给君君留一点儿空间。可梦梦觉得自己渴望与君君时时刻刻在一起，也觉得这没有什么错。毕竟自己也是因为爱君君才这样做。不过，梦梦的爱太沉重了，君君终于不堪重负向梦梦提出了分手。理由很简单：生命诚可贵，爱情价更高。若为自由故，两者皆可抛！君君告诉梦梦，在爱情与自由面前，他更想要自由。

君君与梦梦分手的时候，其实他也很难过。梦梦哭得一塌糊涂，她不知道自己到底做错了什么，苦苦央求着君君不要离开她……

梦梦太爱君君，就如蜡烛奋不顾身地燃烧，只求得到一点儿光和热，结果呢，燃烧的尽头，是灰飞烟灭。喜欢喝酒的女人都会明白：喝酒的时候，微醉感总是最舒服的。爱一个人的时候也是这样，爱到八分刚刚好，剩余的还是留给自己。如果梦梦能早点儿听朋友的劝告，多给君君一点空间，梦梦也不至于爱得那么辛苦，最后将君君吓走了。爱得太深，爱得太自私，爱得占有欲太强，就会令彼此觉得疲惫不堪。梦梦不明白，很多女人也不明白：男人要爱情，但他更要自由。

当女人给予男人的爱让他们感到过分沉重的时候，他们便会想到逃离。女人想要呵护自己的爱情，就必须掌握爱的秘诀——保持适当的距离，别拼命地爱。

让爱像风筝一样在天空中飞翔，只要你握住了手中的线，在需要的时候把他拉回来，让他靠近你，这样的爱不仅不会跑掉，还会长久下去。就如舒婷所说："仿佛永远分离，却又终身相依。这才是伟大的爱情……"

漫漫婚姻路，
可以拥抱取暖

拥抱在情侣之间是再熟悉不过的一种肢体交流，它用来表示爱，表示亲昵，表示美好的感情。同性朋友或者家人之间，偶尔也会有拥抱，那是一种鼓励，一种温暖。

拥抱，这种礼节性的交流方式在中国还不是很常见，但是国外很多国家都习惯用拥抱表达感情。那是因为拥抱可以让人感觉到对方的温暖、真诚、关爱、亲情、友情等美好的情感。

有一对年轻的夫妻，结婚不久就开始吵架。一天，两个人又吵起来了，吵得很凶，把家里的东西都摔碎了。

其实，两个人之间并没有什么大的矛盾，妻子想要逛街，而丈夫的工作很忙。在上班时间，妻子却打电话给老公要去逛街，男人觉得是无理的要求。于是，他第一次拒绝了妻子的请求，并尽量用温柔的声音说："乖，宝贝，自己去吧。我还要上班，需要赚更多的钱养活你。"

平时，男人很宠溺女人，无论女人什么样的要求他都尽量满足。结婚后，他对女人更是疼爱有加，还让女人辞去了工作，在家里待着，做点儿喜欢的事情。他不会让女人做任何的脏活重活，也不让女人有任何的委屈；他为这个家拼搏，他想让女人过更好的生活。

妻子似乎受不了这样的拒绝，大吵大闹起来，非要让男人陪着她逛街；而男人想不通女人为什么不能理解他一点点。男人断然地挂了电话。

男人认为女人会懂自己的，于是没有理会太多。当一天繁忙的工作结束后，男人回到家里，发现妻子坐在客厅的沙发上一声不吭。她刚看到男人，随即起身上前打了男人一个耳光后开始疯狂地摔东西："结婚没几天，你就这样对我了？你不爱我了？说！你是不是外面有人了？"男人看着这个以前温柔可人的女人，现在怎么变得这么蛮横，简直不敢相信自己的眼睛。

男人很痛心，一直沉默着。女人摔完东西，把家里弄得乌烟瘴气，也不理会男人，独自回房间睡觉了。男人在客厅抽了一晚上的烟，一直坐到天亮，然后整理了一下情绪，带着血红的眼睛去上班了。

男人第一次没有给女人准备早餐，第一次没有收拾女人制

//

造的一片狼藉，因为男人的心感到很冷。

女人起床后，发现家里还是很乱，也没有早餐，很生气，认为男人真的不爱她了，于是收拾行李就离开了他们的家。

这一走，男人第一次没有主动给女人打电话，没有去哄她。女人依然觉得自己没有错，但是她很紧张，她感觉到了从未有过的担心。女人的妈妈知道了事情的全部经过，于是对女儿说："女儿，不可以再任性。你已经结婚了，要学着为这个家做点儿什么，而不是索取。自己做错了，就要主动承认，别怄气了。回去吧，给他一个拥抱，他会原谅你的。"

女人听了妈妈的话，回家了。在男人下班的时候，她紧紧地给男人一个拥抱，对他说："亲爱的，我错了。我想你。"

男人深深地抱住女人，眼圈红了。那天，他们和好如初。从那天起，女人和男人约定，无论以后谁做错了，都要给对方一个拥抱。

女人，当你做错的时候，不要无理取闹，不要胡搅蛮缠，要坦然对待你的爱人。有时候，错并不是什么大不了的事情。放开你的胸怀，给对方一个拥抱吧，因为对方能够感受到你的真诚和温暖。

拥抱是一种让人觉得美好的动作。不要吝啬你的拥抱，有时候，一个礼节性的拥抱会让人倍感温暖。

有一部电影叫《无人驾驶》，片中的王丹正是靠一个拥抱把王遥的信心找回来的，让王遥有了活下去的勇气。是的，一个拥抱拯救了王遥。当王丹在骗了王遥一大笔钱后，最后因为忏悔，王丹拥抱了王遥，作为道歉。王丹问王遥："我骗了你那么多钱，你恨我吗？"王遥说："不恨。因为你的拥抱曾经救了我。现在，你又来照顾我卧病在床的妻子，我很感激你。"当王遥说完这些话后，王丹对他说："请让我再给你一个拥抱吧。"于是他们在隔着监狱的围栏拥抱的时候，王丹对他说："对不起。"王遥瞬间哭了。

其实，人是很脆弱的。有时候，一笔钱或者别的什么东西远远比不上一个拥抱更让人觉得温暖。

学会用拥抱说抱歉，无论对方是你的爱人、家人，还是朋友。如果你做错了，就给对方一个深深的拥抱，让对方感受到你的爱、温暖、关怀、关心，还有真诚。相信很多矛盾都会因为你的拥抱变得不再是你的苦恼。

用拥抱说抱歉，用拥抱把世界变得更美好。

不要肆无忌惮地
冷落最亲近的人

网络上有这样一句流行语："我们最大的错误就是把最差的脾气和最糟糕的一面都给了最亲近的人，却把宽容和耐心给了陌生人。"

第一次看到这句话时，我有一种一语点醒梦中人的羞愧，相信很多人都有同样的感受。我们总认为，最亲近的人最理解我们，最关照我们，即使我们犯了错，他们也不会怪罪我们。因此，我们对亲密的人往往最苛刻，丢掉了对他们应有的尊重和耐心。

前不久，一个朋友约我出来喝酒，看样子像是有什么烦心事。果然，一到酒吧，朋友就跟我大吐苦水，说打算跟爱人离婚。

我大吃一惊，不解地问："怎么回事？你们结婚才一年多，你爱人对你那么好，为什么要离婚？"

//

　　朋友闷闷不乐地说："你怎么知道她对我好？"

　　我说："虽然我不太了解你们的家庭生活，但是每次你带她出来的时候，她对你的关爱那是大家有目共睹的啊。就说前一阵你们结婚一周年纪念日吧，虽然是在酒店举办的庆祝会，但你爱人却从家里带来了你最爱吃的松鼠鳜鱼。还有国庆节时，你邀请一帮朋友出去旅行，路上你爱人又是给你剥石榴，又是给你削苹果，对你是万分照顾，看得我们一帮人羡慕不已。另外，你也曾亲口跟我说，你是个马大哈，东西总是乱放，你爱人每天都耐心地给你归置好。你出门上班时，你爱人也会帮你整理好领带，打理好头发。有这么好的爱人，你还有什么不满足的呢？"

　　朋友叹口气说："你看到的都是表面现象，家家都有本难念的经啊。你不知道，她现在对我是百般挑剔，常常嫌我电话打得太多，打扰她工作；动不动就抱怨我挣得太少，房贷只能勉力维持；还总是在我面前夸赞她的一个男下属。唉，说到她那个男下属，我真是气不打一处来。经过秘密调查，我发现她跟那个男下属关系非同一般，她经常在公司亲自给男下属煮咖啡，吃饭也凑到一起。更可气的是，她跟男下属在一起时就特别活跃、特别健谈，回到家就成了'自闭症患者'，只知道捧着手机找乐儿，要么对我的话充耳不闻，要么就呵斥我闭嘴。我猜啊，

她八成是出轨了，爱上了那个男下属。这种事谁能忍，我一定
要和她离婚！"

听了这番话，我更是惊讶，在我的印象中，朋友的爱人绝
不会做出行为不检点的事来。我猜，这里面一定有误会。于是，
我试探着问："我听说过一句话，即便是分手也是两个人的错。
你现在觉得爱人犯了错，难道你就没做错什么吗？刚刚你说你
做过秘密调查，我猜这里面应该有内情吧。"

朋友愣了一下，说："要说内情，我确实也有做得不对的地
方。我这人吧，有点儿多疑，喜欢偷看爱人的手机。"

我说："这就是你的不对了，你这种行为明显是对爱人的不
尊重以及对婚姻的不信任。正因为多疑，想必你平时也没少给
爱人脸色看吧。"

朋友说："嗯，平常对她乱发脾气那是少不了的。"

我说："你现在处于理智混乱期，我劝你还是静一静，把事
情搞清楚再做决断吧。"

朋友虽然喝了点儿小酒，但对我的话还是赞同的，跟我说
再观察一段时间。

后来，朋友又找到我，说他确实误会了爱人。原来他爱人
跟那个男下属在做一个大项目，他爱人平时煮咖啡犒劳一下男
下属也无可厚非，而且他爱人跟男下属即便是一起吃饭也在讨

论工作，根本没做什么出格的事。

现在，朋友一改多疑的毛病，他爱人也认识到因工作忙碌而忽视了丈夫，两个人各自检讨，又重归甜蜜的生活。

其实，越是面对亲近的人，双方的感情越容易出现裂缝，产生隔阂。这是因为，我们总在潜意识里最先忽略亲近的人。

父母和同事同时邀请你周末一起吃饭，你在心里说，还是答应同事吧，毕竟关系到人际关系，父母那里说一下他们一定能够理解，下周末再聚也不迟。

爱人找你看电影，老板同一时间找你去公司处理业务，你断然拒绝了爱人，跟她解释说你现在的努力全都是为了她，希望她能理解。

好朋友和客户同一天找你有事，你以前途更重要为由说服自己打发了好朋友，欣欣然地去见客户。

正是因为亲近，你肆无忌惮地冷落了身边亲近的人。你认为，以后有的是时间补偿亲近的人。

对你而言，亲近的人意味着好说话，懂包容，会义无反顾地支持你的选择。可是你忽略了一点，人与人之间的交往，即便是跟亲近的人，也需要互相尊重。如果你一直忽视亲近的人，亲近的人迟早会对你变得冷漠。

收起无理取闹，
懂得控制脾气

有人说："幸福，是一个脾气坏的女人，找到一个好脾气的男人。他包容你的一切，纵容你的所有，哪怕你无理取闹，他也会微笑着等你安静下来。"

如此场景，充满温馨与浪漫。必须承认，这样的男人真的存在，且为数不少，尤其是在热恋或是最初相处的几年中，你无理取闹，你难过，他会手足无措，焦急万分，安慰你，任由你发脾气。可是，十年，二十年之后呢？当生活的柴米油盐一点点侵入爱情的领地，当孩子的教育、养老的难题统统摆在眼前的时候，他是否还能任由你放肆地闹下去，一如从前？当他对你的坏脾气无动于衷或是感到厌烦的时候，你会不会觉得是他变了，然后无端地猜疑、盲目地追问……结果，彼此间的隔阂越来越大？

　　沐子喝了不少酒，对Mina哭诉："林阳就是个彻头彻尾的卑鄙小人。我一心一意守着他，守着这个家，没想到他竟然这么对我！想起他的出轨，想起他的忘恩负义，我的头都要爆炸了，我到现在都没法接受。"

　　Mina什么也没说。Mina知道，对于一个婚姻失败的女人而言，不管怎么样，她都认为自己是个受害者。所以，憋在心里的那番话，她希望等沐子清醒时再告诉她。作为朋友，她不想看到沐子在跌了这一跤之后，空着手爬起来。

　　Mina突然想起几个月前跟林阳见面的情景。当时，林阳很坦诚，说不想为自己的背叛做辩解，不管是什么样的理由，发生婚外情就是自己的错；可是，对于离婚的决定，他一点儿都不后悔。接着，他把这些年的"心事"一股脑全说了出来——

　　"沐子的脾气很坏，记得我们第一次约会时，说好下午2点到电影院，因为路上堵车，我迟到了十几分钟。下车后，我跑到电影院，见到她时我上气不接下气，掏出电影票刚要解释，她却一脸愤怒，把电影票直接撕了，拂袖而去。我当时就觉得她有点儿不可理喻。母亲劝慰我，说一个女人没结婚时脾气不好很正常，等结婚有了孩子就会好的。

　　"半年后，我们结婚了。我以为她的脾气会收敛些，可直到我们有了孩子，她还是经常会因为一点儿小事就和我吵架。孩子一哭闹，她吵得就更厉害，说我不管孩子。我加班回家晚，她也跟我吵，说我不负责任。这样的日子过了三年，我实在忍不下去了，甚至开始害怕回家，害怕看见她。所以，我就把精力全放在工作上，还跟朋友开了一家公司，回家的时间也越来越晚。

"晚归一段日子之后，沐子开始怀疑我有外遇，还经常向家里的老人打电话抱怨，好像我真的有什么事似的。开始父母都不相信，听得多了，她家里人就信以为真了，几次有意无意地提醒我自重。我心里压着一股无名火，自己明明在外面辛苦打拼，却被说成是鬼混。

"一天晚上，我一个人到外滩溜达，没想到碰见了琳。她是我一个大客户的助理，因为合作的次数多了，一来二去也就熟悉了。也许是喝了酒的缘故，我竟然把压抑在心里的苦闷全都倒出了。她很认真地听着，没有插话，眼神里透露出诚恳和理解，那种眼神让我感受到了久违的温暖。那天之后，我们之间的关系好像更近了，我喜欢和她聊天，也经常约她吃饭。我承认，自己渐渐爱上了她。

"沐子发现了我和琳频繁的通话记录，打电话给她，破口大骂，琳一句话也没回应。沐子觉得不解气，就把矛头指向了我，给我身边认识的人都打了电话，说我是个忘恩负义的男人，有

//

钱了就变坏；而后又砸了家里所有能砸的东西，跑到我父母面前哭诉，说要离婚。父母年岁大了，哪里还受得了这样的打击。我看着她在父母面前歇斯底里地喊着离婚时，直接在离婚协议书上签了字，里面写了什么根本就没看。那一刻，我觉得自己解脱了。

"按照离婚协议上的内容，我净身出户了。物质上的匮乏，我可以忍受，也可以去奋斗和争取，可精神上的折磨，我受不了。现在，我想和琳在一起，她善解人意，也懂得知足。也许，我们的日子会有点儿苦，可她平静的眼神，让我觉得踏实，也愿意去努力。"

回过神来，看着醉酒的沐子，Mina 只希望她能痛定思痛，恢复理智。目睹沐子经历的这一场失败的婚姻，她感慨万千：生活中，维系幸福的不是最初的山盟海誓，是彼此的相互磨合与生活上的相濡以沫。人都会有脾气，让一个男人每时每刻迁就着你，无论对错都全盘接收，实在太难了。与其说沐子败给了第三者，倒不如说她败给了自己的坏脾气；与其说是别人抢走了沐子的幸福，不如说她亲手把自己的幸福推到了门外。

一位作家在谈及女性修养时这样说道："不要做随意耍性子、发脾气的女人，觉得谁都应该宠着你，因一点儿小事就任性妄为。发脾气不能凸显高贵和尊严，只能让你看上去粗俗、彪悍。真正优雅的女人，应该温柔体贴，宽容慈悲。我身边有一位女性朋友，从不咄咄逼人，就算别人做错事，只要诚实地向她承认错误，多半都能得到她的原谅。就连她的儿子都说：'我妈妈是个优雅的人，从来不吵不闹，也很少发脾气，有问题就想办法解决，她总说吵闹没用，只会激化矛盾。'她优雅了一辈子，也幸福了一辈子。"

完全没有脾气的人，就像一杯白开水，索然无味；而随意发脾气的人，却像一颗烟幕弹，瞬时会湮灭所有美好。唯有那些懂得控制脾气、善解人意的人，才会散发出永恒的迷人的芬芳，才能守得住珍贵的幸福。

对于婚姻而言，
最需要的是宽容

　　婚姻的围城里，总少不了梨花带雨的脸庞，还有咄咄逼人的面孔。有时，是因为女人的小心眼儿，有时是因为不信任引起的猜疑，让女人原本丰盈的心变得越来越狭窄，让夫妻间的关系变得日渐生疏。当女人每天只顾为一些闲言碎语、鸡毛蒜皮的小事恼火、生气、郁闷，甚至与爱人发生争吵、谩骂，会让男人觉得很磨人，因此丢失人生中许多美好的事物。

　　安德鲁·马修斯在《宽容之心》中写道："一只脚踩扁了紫罗兰，它却把香味留在那脚跟上，这就是宽容。"不计较过错，给践踏它的人留下一缕芳香，这便是宽容的大气之美。

　　对于婚姻而言，最需要的也是宽容。这个世上，完美的男人，幸福的婚姻，都不是现成摆在某个地方，然后等待你去寻找，而是依靠女人的智慧慢慢培养和经营出来的。

　　几个好哥们儿相约去一个朋友家看世界杯，朋友的妻子也在。男人看球时，几乎离不开大声地叫喊和香烟，还有满地的啤酒罐。本就不大的客厅里，几个男人高声谈论着足球比赛，烟雾缭绕。不知不觉，他们就抽了好几盒烟。朋友的妻子对于呛鼻的烟味，并没有露出丝毫的不悦，甚至没用一声咳嗽来提醒那些吸烟的男人们，只是在大家不注意的时候，打开了一扇窗户，让空气流通。

　　在座的朋友中，有一位不吸烟，他不解地问她："嫂子，你怎么也不管管大哥，就让这么肆无忌惮地抽烟？"

　　朋友的妻子笑了笑，说："我知道吸烟对身体不好，可如果抽烟能让他觉得快乐，那我为什么要去阻止呢？我宁愿他开心地活到60岁，也不愿他勉强地活到80岁。快乐，不是任何时候或者任何金钱能换来的。"

　　过一段时间之后，这些男人们再次相聚，他们发现这位朋友竟然戒烟了。大家奇怪地问："抽了十几年，怎么想起戒烟了？"他说："我老婆能为我的快乐着想，我也不能让自己提前20年离开她呀！"

　　男人总是爱面子的，如果妻子在乌烟瘴气的屋子里发脾气，冲着丈夫大吼大叫，表现出不耐烦和责怪，那么整间屋子里的气氛都会变得很紧张、很尴尬，甚至闹得不欢而散。这时候，丈夫的脸上肯定挂不住，不但兄弟们背后说她的闲话，也会让丈夫在朋友圈里抬不起头。幸好，懂得宽容的她没有那么做。她的微笑，她的宽容，赢得了众人的赞誉，也让丈夫感受到了她真挚的爱，并自主地为她改变。

想要成为一个有品位、受人尊重的女人，就该怀着一颗宽容的心，豁达大度，笑对生活。有时候，不需要动气动怒，一句温婉贴心的话，一个幽默的玩笑，就能化解尴尬的局面，消融人与人之间的矛盾，填平感情的沟壑。

宽容总被误认为是在描述一种单向的善举，实际上，当一个人做出对他人宽恕、谅解和接纳的行为时，其中包含的正能量绝不仅仅作用于被包容的一方，反而是能够放下心中的芥蒂和挑剔，能够包容他人错误、伤害的一方受益更多。

上善若水，容纳万物也滋润心田，当一个人把周遭的冒犯理解为无心之失时，对他而言，即使是具有攻击性的语言或行为，也不会给他带来任何伤害，所以他总会把世界上细微的善意放大，充分汲取其中的正能量；而一个多疑、敏感、小肚鸡肠的人，不会放过一丝一毫恶意，他会把自己变成一台收集负面情绪的"吸尘器"，折磨自己，也困扰他人。

人类的知觉有它自己的"口味"，心宽的人感知事物的重点集中在积极情绪上，而刻薄的人则会不自觉地忽视那些美好

//

的信号，专盯着别人的不足和错误去深究，跟着愤怒，跟着烦躁，更有甚者还会恶化为睚眦必报，把大量的精力耗费在斤斤计较上。

没有任何理由能阻挡你成为一个宽容的人，但你必须先学习如何换位思考：

1.跟人约好了见面，难得自己精心准备，对方却因为突发情况迟到或不能赴约了，会不会一股怒气窜进心中？临时改变安排也没什么大不了吧，如果遇到情况的是自己呢？会希望对方发怒甚至指责你吗？

2.就算心里感到别扭，也别挂在脸上，更别轻易耍脾气、闹别扭，在伤到对方之前，首先承受负能量的是你自己，任何情绪的毒药都不是全无代价就能产生。

3.亲友之间不存在深仇大恨，在任何时候都要假设对方并无恶意，发生冲突时绝对不要说"你这种人原本就……"。没有什么人原本就一定是怎么样的，除非你坚持把对方定义为十恶不赦，那是你自己的问题。

我如果爱你，
绝不像攀援的凌霄花

　　排除了万难，她终于穿上了华丽的白纱，在众人的艳羡与祝福中步入了神圣的婚姻殿堂。

　　这段情路于她而言，走得实在太久，也太苦。她爱了他整整十年，从十八岁到二十八岁，曼妙的青春、无限的热情，都付诸在他身上。可是，有足足六年的时间，她都在充当他生命里的配角，因为他的心飘忽不定，今天停留在一个宛若邻家女孩的富贵女身上，明天可能又把目光转向了那个类似"杂草杉菜"的女孩。她承认，他和那些女孩是般配的，男才女貌、佳偶天成，这样的字眼用在他们身上，再合适不过；而她，永远只是那个童话世界之外的灰姑娘，目睹着别人的幸福。

　　她笑他是多情的种子，偶尔还会讽刺他花心。不过，他也有动情的时候。追了两年才追上的富贵女，有着一身的"公主病"，俩人在一起总是为了鸡毛蒜皮的小事赌气冷战。她最怕看见他唉声叹气的样子，可也唯有在这样的时候，他才会想起她。每次，她都忍着嫉妒开导他，心里的苦却只字不提。

青春是短暂的。到了二十四五岁，周围的女友们不断地晒出自己的婚纱大片、浪漫婚礼、温馨蜜月。唯有她，还是孑然一身。父母托人给她安排相亲，好心的闺密给她介绍男友，她都一一拒绝。她在日志里写道："每个不想恋爱的女人，心里都住着一个不可能的人。"木讷的他还在日志下评论，说她在"装文艺"。此时的他，已经不再像大学时那么爱玩了，有了稳定的工作，心也踏实了下来。

一次偶然的意外，他的头部受了重伤，躺在医院不省人事。她像家人一样，每天去看望他。他昏迷着，可她却当他醒着，一直跟他讲话，说上学时的事，说他的糗事，说她深藏在心里的秘密。昏迷了四天之后，他苏醒了。看到病房里的她消瘦了一圈，满脸憔悴，他心里涌起了一股酸酸的味道。都说患难见真情，生病了才知道谁最爱你。他恍悟，这些年自己身边的女友来来去去不知多少人，唯有她始终陪伴在左右。后来的事不必多说，有情人终成眷属。

期待了十年的爱，终于修成正果，她是多么地珍惜啊！她真想时刻陪伴在他身边，真想告诉身边的每个人，他是完完全全属于她的了。也许是被爱冲昏了头脑，她少了从前的沉稳和淡定，多了一点儿小女人的撒娇。过去独来独往，现在总想有他陪；过去很少依赖，现在总想他来帮忙。结婚前的种种事宜，她都要询问他的意见，大事小事都不肯自己拿主意。

她的种种细微的改变，闺密看在眼里，记在心里。为她感到高兴的同时，也多了一点儿担忧。她结婚那天，闺密早早地来帮忙，除了礼金还特别准备了一份礼物，嘱咐她晚上再打开看。婚礼很热闹，忙碌了一天的她，晚上累倒在床上，浑身酸痛。这时，她想起闺密送来的礼物。那是一个木制的相册，里面贴着她这些年来的照片，每一页都附着一首简短的小诗。在相册的最后一页，夹着一张精致的贺卡，贺卡的图案是闺密亲手绘制的，一棵橡树和一株木棉。贺卡的背面，是舒婷的《致橡树》："我如果爱你，绝不像攀援的凌霄花，借你的高枝炫耀自己；我如果爱你，绝不学痴情的鸟儿，为绿荫重复单调的歌曲……我必须是你近旁的一株木棉，作为树的形象和你站在一起。根，紧握在地下；叶，相触在云里……我们分担寒潮、风雷、霹雳；我们共享雾霭、流岚、虹霓。仿佛永远分离，却又终身相依，这才是伟大的爱情……"

闺密用一首诗，隐晦地给她提了一个醒，让迷失在幸福中的她，恢复了些许理智。回想起她和他在一起后的日子，自己的爱如胶似漆，全然忘了留一点儿空隙和距离。也许，现在的他还未察觉到什么不适，可时间久了，未必不会厌倦毫无距离的婚姻。

她不禁想起了"刺猬法则"。刺猬们在寒冬腊月里冻得瑟瑟发抖，为了取暖，它们一个一个紧紧地靠在一起，可是相互挨在一起后，又因为忍受不了各自身上尖刺的刺痛感，迅速分开了。可是天那么冷，它们又不得不紧密相靠来取暖。挨得太近，会被刺痛；离得太远，又会被冻伤。一次次地调整后，最终它们发现了一个合适的距离，不太近也不太远，刚刚好。

婚姻中的最佳状态，亦是如此。亲密无间，爱得炽热，爱得失去了自我，终有一天，两个人都会觉得疲倦。世界上太过浓烈而甜腻的爱，往往都很难长久。就像一杯水里加了太多的糖，喝起来太甜了，任谁都会浅尝而止。反倒是纯净的白开水，喝起来淡淡的，却一辈子都离不开，不会厌倦。

每个人心里都有一点儿属于自己的秘密，都有一个私密的空间，仅仅属于自己。那跟爱不爱没关系，而是生命中最真实又自然的一种情愫。就算是亲密的夫妻，也不要试图抢占对方那个只属于自己的角落，这是保持神秘感的方式。若真的爱他，就给他一点儿空间，给爱留一点儿缝隙，让彼此都能够在狭小的婚姻世界里，自由地呼吸。

曾听过这样一番话：真正的爱情，应该是两个人彼此理解，互相尊重，不缠绕，不牵绊，不占有，然后相伴走过一段漫长的旅程。但愿，世间每一个真性情的女人，都能学会克制地去爱一个人，在淡淡的日子里经营出一份恒久不变的感情。

缘来时好好珍惜，
缘去时淡然相送

生命是驶向远方的列车，途径许多地方，遇见许多人。你永远不知道，有谁会在下一个车站离开，有谁会突然之间出现在你面前。缘来缘去，只留下一个时间的符号，再没有其他的印记。正如佛家所云："缘来缘去，缘生缘灭，万物之间的纠葛，怕是世人永远都无法一一参透的。"

来到世上，本身就是一场缘分。在滚滚红尘中，一个人的好，要记得一辈子；一个人的坏，纵然忘不掉，也不必想着报复。缘分来了，就好好地珍惜；缘分走了，就淡然地随它去。无谓地强求，只会让自己受苦。

在书上看过一则故事：一位出身名门的女孩，家境优越，漂亮，多才，只是到了适婚的年龄，怎么也不肯去恋爱。她说，不结婚，是为了等待真爱，等待让她心动的男孩。

　　终于有一天，她在逛庙会时遇到了一个年轻男子，在熙熙攘攘、人头攒动的人潮中，她一眼就看见了他，怦然心动。她觉得，自己苦苦等待的那个人，就是他。她想把自己的心事都说与他，可是人太多了，她费劲地穿过人群时，他却已经不知去向。

　　女孩失落不已，之后的两年里一直四处寻找那个男子，可他就像从人间蒸发了一样，再也没有出现过，甚至连丝毫的痕迹都没有留下。她甚至怀疑，那天究竟是自己的幻觉，还是他真的出现过？相思之苦折磨着女孩，她郁郁寡欢，向佛祖祈祷，希望与意中人再见。

　　她的痴情感动了佛祖，佛祖劝慰她："姑娘，缘分可遇不可求。来的时候你想珍惜，可偏偏没有把握住，只能说明这段缘分不属于你。既然如此，缘分散时，你就该保持一颗平常心，别再苦苦坚持了。不然，生活会变成地狱。"

　　女孩苦苦哀求佛祖，说她只想再看他一眼。佛祖见她心诚，便答应了，但提醒说："如果你想看他一眼，就要放弃现在拥有的一切，包括你的家人。你愿意吗？"女孩执迷不悟。

　　佛祖把女孩变成了一块石头，躺在石桥边。终有一天，男孩从桥上走过，女孩心里很痛，因为他的身边还有另一个女孩相随。

有人说，世间的每一场相遇都是久别重逢。遇见了，在未来的每个日子里能与之相依相伴，固然是莫大的欣慰，可是天意弄人的事，也总少不了发生。无论是亲人、朋友还是恋人，缘分来了成为一家人，成为朋友或伴侣，都值得好好珍惜；可若没能相伴到最后，中途因为意外而两两分离，也不要怨恨和执迷。义无反顾地坚持，执迷不悟地贪恋，未必能换来好的结局。缘分本就虚无缥缈，生活本就喜乐参半，若不想被缘分捉弄，就要时刻提醒自己淡定随缘。唯有如此，才不会被羁绊。

"太委屈，连分手也是让我最后得到消息；不哭泣，因为我对情对爱全都不曾亏欠你……"KTV包房里，她深情地唱着陶晶莹的《太委屈》。沙发上静坐的闺密，看着她略微发红的眼圈，不禁涌起一阵心疼：她心里，该有多少的委屈啊！

几天前，她刚刚签了离婚协议。和丈夫跑了七年的马拉松恋爱后，两人携手步入婚姻。可是，仅仅八个月之后，他们之间还是上演了"七年之痒"的悲剧。他借助出差的名义，到外地去看望另一个女人。她不知怎的，心里涌起了一股不好的直觉，便跟了过去。结果，在异地他乡，她知道了真相，而他也毫不隐晦。她带着一身的伤，独自回了家。

原来，他早就已经厌倦了这段感情，只不过觉得，她跟他在一起这么多年，不想辜负她的青春。她是个至情至性的人，如何能够容忍这样的婚姻？当然，此刻也不是她单方可以挽回的了，看得出来，他对她、对这个家，已经再无一丝一毫的眷恋。所以，她不想跟他吵闹，争论谁对谁错已经没有任何意义。就连离婚协议，也决定让他来拟。

他是个家境优越的男人，也确实是自私的。房子、车子都是他婚前的财产，虽是自己欺骗了她，可他依然什么都没有留给她。她没有去争，淡然接受，安静地带着自己的衣物离开，回到自己的家。

闺密为她感到不值，也替她寒心。待她唱完那首歌，闺密问她：“是不是心里很委屈？”她摇摇头，说：“不想提。倒不是因为难过，只因为一切都过去了。刚开始在一起时，爱得轰轰烈烈，是大学里的一段传奇，够绚烂了。后来的他，虽然已经厌倦了，也认识了别人，可还是跟我结了婚，说明他当时还是想挽回的，只是我们之间的缘分已经尽了，再强求就没有意思了。我想，就这样平和地分开，是最好不过的了。好聚好散，都不至于太难堪。”

她淡淡地说出这样一番话，实在令闺密震惊。她只知道她平日里性格温和，却不曾知道，她还有这样的气度和豁达。可后来想想也是，再怎么也挽不回的人和事，放手是最好的选择。

甘世佳曾经在《云和山的彼端》中深情地写道：“遇见，然后结束。消失，然后永不再返。于是，喜乐圆满。于是，我们的一生，才像一场旅行。"人生要经历的事太多，遇到、错过、得到、失去，无时无刻不在交替进行，无缘相依、相伴、相守的人，时常令人惋惜。

缘份，就像是天上的流星，遇见了是幸运，错过了也是常态。一起走过风雨的朋友、相依相偎的伴侣，或是街头偶遇的陌路人，遇见就是缘份，不管这段路能够一起走多远，走多久，都值得真诚相待。若有一天，不得不分道扬镳，各安天涯，就淡定地说一声再见，把美好及珍贵的记忆尘封，一切随缘吧。

婚姻是一场修行

"爱情"是世上最美丽的字眼，也是女人生命中最深刻的话题。几乎每个憧憬爱情的女人，都渴望遇到一个完美的爱人，谈一段浪漫的恋爱，收获一段幸福的婚姻。她们在心里无数次地描绘过那个完美伴侣的样子：他要高一点儿，阳光一点儿；他要有风度，不能太俗气；他要宽容、温柔、体贴；等等。然而，现实不是童话，生活中几乎每有完美的王子。

当一段感情，从轰轰烈烈走向平淡无奇，彼此间熟悉得像亲人，玫瑰的芳香变成了柴米油盐，生活开始被纷繁的琐事纠缠，人往往都会产生一种错觉：现在的生活不是我想要的，眼前的爱人也不是我所期待的。

一切，似乎都变了味道。在失落与慌乱中，有的人开始感叹婚姻是爱情的坟墓，性情也变得不那么好。一旦对方犯了什么错，哪怕只是饭前忘了洗手，或随意扔了一只烟头，也会惹得人大发雷霆，连连指责。显然，眼前的爱人这般言行举止，与他们心中那个完美爱人的形象相差甚远，他们难以接受和承认。于是，多数人便开始想要改造对方，让对方变得完美，如若迟迟不能如愿，多半就是两个结局：要么委曲求全，要么另寻合适者。

其实，两者都不是好的抉择。委曲求全意味着有失望和不甘心，纯属无奈之举，当一段爱情和婚姻里充满了无奈，彼此的关系会变得疏远和冷淡；另寻合适者意味着要重新开始一段感情，可如此就能获得完美的恋情了吗？要知道，人无完人。

一位经济学家曾经给女儿这样一则的忠告："不要妄想嫁给一个天下最好的丈夫，也不要妄想买到天下最好的车。这往往会让你付出更大的代价。你的理想伴侣，也可能是许多人的理想伴侣，这意味着你必须做出某些让步来赢得他并留住他。这些让步包括很多方面，从要不要孩子，到晚上由谁来做晚饭等等。一个理想的丈夫，往往是一个代价高昂的奢侈品。"

完美，有时会给人造成视觉上和听觉上的假象，就像天上的星星，一闪一闪的，美丽而浪漫，可如果真的有机会近距离地看看它，才发现那不过是一块丑陋的石头。完美，有时还隐藏着不为人知的一面，就像高山突起的地方一定伴随着深谷，耀眼的光亮划过后一定会有不可预料的黑暗来袭。

　　当然，生活中也不乏一些活得通透的人，从不奢望完美。

　　在一家女子俱乐部里，几个女人随便闲聊，谈到了婚恋的话题。结了婚的，总是一脸的怅然和无奈，指责爱人的种种不是；单身的听不进去，依旧憧憬着美妙的童话。倒是有一个看起来很温婉的女孩，半天没有说话，等大家都说完了，她才缓缓地说："我没结婚，也不想找个完美的男人。"

　　大家一听，觉得很好奇，都想知道她是怎么想的。温婉的女孩说："缺陷是一个人的特点，也是最难被改造的地方。完美的男人，可能各方面都令人满意，可是跟完美的男人在一起，不容易幸福。你要时刻注意自己的形象，对自己提出很高的要求，总担心配不上他，或是被他挑剔。这样活着，实在太辛苦了。要是选一个有缺点的男人，你就会感到自适，而且也不用担心有人跟你争抢这份爱。"

　　听她说完，俱乐部里的一位养生专家接了话："你说得对！完美的男人，永远都是大众情人，因为他符合所有女人的择偶条件。婚姻要想长久，一定离不开包容，可最需要包容的是什么？不是他身上那些优点，而是他的邋遢、他的粗心、他的谎言、他所有不完美的地方。没有哪个女人会冲着爱人的优点发脾气，指责辱骂、抱怨挤兑的肯定都是他的缺点。要是能大大方方地接纳了他的缺点，婚姻自然就牢固了，日子也会很安稳。"

//

　　尘世中，任何一种生活都称不上完美。完美的婚姻，不是和完美的人在一起，而是懂得用包容和理解经营出完美的关系。你若太过挑剔，性情暴躁，看到的他自然满身缺点；你若宽容大度，善解人意，看到的他自然不会一无是处。

　　渴望完美是一种欲求，但能够欣赏不完美则是一种品质。婚姻是一个生命与另一个生命的磨炼过程，也是用生活中的事件处处考验两个人品质的课题。当你不再计较爱人那些琐碎的缺点，学会接纳对方的时候，对方就更容易触摸到幸福的脉络。

　　如此看来，婚姻，不只是一种生活方式，更是一场修行。